新编温室大棚设计与建设 2020

阿卡众联农业服务（北京）有限公司　编

中国农业出版社

北　京

图书在版编目（CIP）数据

新编温室大棚设计与建设 . 2020 / 阿卡众联农业服务（北京）有限公司编 . -- 北京：中国农业出版社，2021.3（2022.11 重印）

ISBN 978-7-109-27773-1

Ⅰ . ①新… Ⅱ . ①阿… Ⅲ . ①温室栽培－农业建筑－建筑设计 Ⅳ . ① TU261

中国版本图书馆 CIP 数据核字 (2021) 第 023456 号

新编温室大棚设计与建设 2020

XINBIAN WENSHI DAPENG SHEJI YU JIANSHE 2020

中国农业出版社出版

地址：北京市朝阳区麦子店街 18 号楼

邮编：100125

责任编辑：程燕

文字编辑：李兴旺

印刷：中农印务有限公司

版次：2021 年 3 月第 1 版

印次：2022 年 11 月第 2 次印刷

发行：新华书店北京发行所发行

开本：787mm×1092mm   1/16

印张：12

字数：300 千

定价：55.00 元

前　言

高和林

我编著的《塑料温室大棚设计与建设》（ISBN 编号：9787109199132）于 2014 年 12 月由中国农业出版社出版、发行，并得到广大读者的青睐，这使我感到十分欣慰。此书于出版半年后的 2015 年 7 月就全部售罄，只有少数书商尚有微量库存。为了满足读者的需求，中国农业出版社于 2015 年年底第二次印刷，后来又有了第三次印刷。

全国各新华书店及几大网络书商是这样介绍这本书的："《塑料温室大棚设计与建设》是根据广大农民群众生产、生活需求，就主要农产品的现代产业技术以及农民需要了解的管理经营、转移就业和农村日常生活等方面的知识，以简单明了的提问、开门见山的回答、通俗易懂的文字、生动形象的配图，讲解了关于农村温室大棚建造与使用的问题，具有很强的针对性、实用性和可操作性。"我以为是恰当的。

《塑料温室大棚设计与建设》的出版，也给我的生活带来了巨大的改变。每天都能接到全国各地的许多 QQ 留言、微信、短信、电话。有询问温室大棚设计问题的，有希望得到图纸的，有要求施工指导的，也有提出要与我辩论的。我最反对大辩论，支持"不争论"原则，主张各讲各的，最终由客户自由选择。也有的人看了我的书后，就自以为学会了大棚设计。我对他们说，从事结构设计，一本书是远远不够的。就像看了一本医学书，就想当大夫一样，是不可能的。

毕竟我是位老人，经常被搞得筋疲力尽。给我画图的设计师们，特别是赵斌工程师经常要加班计算、设计、画图到深夜。但同时我们也为能被全国那么多创业者所关注，共同切磋大棚理论和实践经验感到由衷的高兴。

每当我收到建设中传过来的现场照片，看到我设计的大棚拔地而起，特别是看到许多人在我们的帮助下获得了丰收，露出一张张喜悦的笑脸，一切疲劳、辛苦、委屈都烟消云散。

温室大棚的设计缺位是国家对大棚专业分管的错位引起的，这一点我在《塑料温室大棚设计与建设》中已有表述。到底我无力改变这一现状，最多能做的就是尽到一名建筑结构工程师的天职，去帮助有需要的用户设计更科学、更廉价、更耐久的大棚，并指导他们看懂大棚图纸。

与此同时，我也对传统非结构师设计的大棚，从一种单纯的否定，转为向他们学习的变迁。我也从中看到了他们为大棚事业贡献的智慧和辛劳。对于他们常说到的"经验理论"，我通过以理服人的态度进行磋商，去粗取精。毕竟我们都是同行，应该相互学习，取长补短。

几年来，在我与广大读者、客户的交流中。我对已出版的《塑料温室大棚设计与建设》又有了新的认识。其实任何一本书都不可能将有关温室大棚的问题全部讲清楚。何况我国地域广阔，气候差异巨大，每个人对大棚的功能需求不同，预算投入承受能力也各不相同。要想尽可能地满足更多客户的需求，单凭这一本书，感到越来越难了。

为此，这几年我重点收集国内外各类大棚资料和图纸，并进行比对、分析、计算和设计，逐步建立尽可能多的图纸库存，来满足各类客户的需求。看来再出版一本更有针对性的此类专著已十分必要。其内容主要包括四大部分。

1.我在与客户的交往中，被问到最多的问题，就是如何降低大棚的建设成本。为此，我解析了各类大棚，看一看一座大棚到底由哪些部件组成，再对每一个部件加以分析，站在建筑力学、建筑光学和建筑热学的角度评价其必要性、合理性。为此，我写出一些专题文章，从科学设计、降本增效的理论认知方面，来答复大家的疑问。

2. 还有许多带有共性的提问，也是《塑料温室大棚设计与建设》中没能系统说清楚的。比如，如何使大棚内冬季温度更高？降低棚内湿度的途径有哪些办法？降低棚内温度的途径有哪些？大棚建设有几个主要步骤？温室大棚为什么也需要设计？大棚骨架该如何选择？大棚膜安装成败的关键是什么？高老师塑料温室大棚与目前传统大棚有何区别，有何特点？等等。为此我又编写了《大棚问答》。以简单明了的提问、开门见山的回答拉近我与客户在认识上的距离。因为我在与客户交流的过程中发现，理论认识上的一致性、相容性，是后来能否合作的前提。

3. 随着我与全国大棚客户的不断交流，我逐渐感受到一种压力。如何用一种简单的方法使不同地域、不同需求的客户，尽可能地开阔眼界，拓宽视角，而不是局限在自己家门口见到的那几种大棚。为此，我编写了《国内常用温室大棚分类大全》。将目前国内大棚分成十大类 80 余小类，并配以图纸照片，让读者半个小时内就能看完，也就相当于我事先带领读者去全国各地参观一遍温室大棚，初步了解各类大棚的温度状态、适用范围及大概的造价。当客户们了解了各类大棚的概况后，便能很容易地根据各自的需求，寻找他认为最适合的某类大方案、小方案，或几种方案的组合。我再根据经验肯定他们的意见或提出修改建议，最终由客户确定。

这一方法效果十分明显。经过一段实践，我体会到：大棚建设最重要的前期工作，就是在国内众多大棚和各类方案中比较、选择最适合自己的方案。换句话说，选准方案才是建设好大棚的头等大事。而排在其后的就是科学设计了。

举一个不久前一位大学生返乡创业实例。他原来坚持想建设一个 24m 跨的钓鱼大棚，配套几个 20m 跨的瓜果采摘大棚，一座办公小楼及宿舍、餐厅，还要建带后墙的温室大棚用于单侧养猪。看过我发去的十大方案后，经商讨，最终他做出了重大调整：首先，将钓鱼棚跨度减少到 20m，既满足了功能需求，又降低了成本；其次，将采摘棚改为 10×2 的分体连栋大棚，冬季内设"棚中棚"，改善了植物生长对光照的需求和保温需求，降低了建设成本；再次，砖混结构的办公小楼及宿舍、餐厅改为放在 18m 跨度大棚里建设简易彩钢板房和蒙古包，既降低了造价，环境也得到很大的提升；最后将养猪棚调整为双侧养猪带内保温的拱棚猪舍。最终的方案较当初设想，成本降低 50% 以上。

总之，不同地区，不同用途，不同标准，不同投入，对方案的选择是不同的。就让我们去本书的"方案展厅"里挑选最适合你的方案吧。

4. 大棚施工是大棚建设的重要环节，这无须说明。在先前出版的《塑料温室大棚设计与建设》一书中已有详尽的叙述。但是十年过去，当时的主材已从圆管和钢筋发展成异形截面的管材。成型方法也从手工发展到半机械化。为此,本书还是要单列一章,方能满足当下读者的全面需求。

比照先前出版的《塑料温室大棚设计与建设》,塑料大棚在农业、林业、畜牧、水产、娱乐、仓储、生态园、工业、钓鱼馆、环保等领域的应用,本次《新编温室大棚设计与建设 2020》从传统到现代看温室大棚的发展与展望,是一次对前版书的全面补充,也是对有关大棚在实际应用中的选型、降本和难点的一次集中答疑。

本书得到了北京阿卡众联农业服务(北京)有限公司(以下简称阿卡农业)、上海必立结构设计事务所有限公司、佛山佛塑科技集团股份有限公司经纬公司、浙江精工钢构集团绿筑集成科技有限公司等的大力支持,没有他们的支持就不可能有此书与读者见面。为了便于读者能了解这些单位,特将其简介及负责人的情况附件于前言之后,以这种方式表达我对他们的感谢之情。

阿卡农业董事长江宇虹博士

2020 年春于上海

目　录

第三章 大棚问答

第四章 大棚施工

后　序

附　录

新编温室大棚
设计与建设
2020

第一章

国内常用
温室大棚分类大全

温室大棚建设的**重点**和**难点**就是在国内众多建成的大棚中选择**真正适合自己**的大棚设计方案

十几年来，我们设计了许多大棚图纸，加上收集到的国内常用的各类大棚图纸、照片，再经过验算，逐步形成了较为系统的大棚图纸资料库。包括从单管简易大棚、椭圆管、几字钢大棚到双层大棚、冷暖两用大棚、棚中棚、光伏大棚，鸟巢大棚、抗台风大棚和一批新型温室大棚等。

经总结、归纳形成了十大类温室大棚设计方案，内含 80 多个小方案。本章将分别对这些方案进行分析，介绍给大家，以便全国的大棚建设用户足不出户，便能了解目前国内外温室大棚的概况；再根据自身的地理位置、用途、经济状态，有针对性地选择某种或几种组合，再进行更深入的研讨，避免盲目决策，错误选型。以下分别介绍这十大类方案以及其中五彩缤纷的小方案。介绍的重点包括：

（1）适用范围。

（2）温度指标（本文所指温度均为我国东北、西北地区。在无采暖设备的情况下，凌晨棚内温度。黄河中下游、淮河地域可在这个温度的基础上增加 5℃，长江中下游地域可增加 10℃，两广地域可增加 15℃）。

（3）造价。

（4）优缺点。

总之，要想建设适合自己的大棚，又想降低成本，做到既实用、耐久，又美观。选好大棚设计方案应该是头等大事。至于骨架强度，抗风、雪、雨、雹的能力应该是最基本的要求。

到目前为止，温室大棚是现代农、林、牧、渔业最常用的生产工具，已无须论证。然而，经过数十年的实践，我国的大棚事业虽然取得了巨大的成就，但还是存在许多不尽如人意之处，甚至留下了许多遗憾与无奈。其中，主要表现在以下四方面的不足：

（1）温室大棚建设成本高、投资回收期长，是最主要的现实和无奈，直接影响到温室大棚的建设和推广。

（2）大棚结构不合理，抗自然灾害能力差，特别是面对大风、大雪、冰雹、暴雨的袭击，往往只能是听天由命和灾后重建。这样既会产生二次建设成本，还会给大棚生产带来突如其来的损失。

（3）棚内环境差。目前常用的大棚，普遍跨度较小，温度偏低或偏高、通风不畅，湿度偏大，不利于操作人员的身体健康，还会影响到产品的质量。

（4）大棚冬季保温，夏季降温问题亟待解决。

问题的关键都出在大棚设计上。以上几方面的问题本来就应该在建设大棚之前的设计阶段中考虑，并提前拿出措施予以预防和解决。就像我们平时房屋住宅一样。

目前，许多大棚方案都存在理论误区和设计缺陷，但常常不被人所知，致使错误被不断重复，甚至放大。原因无非有两点：一是设计师不是学结构和学热学的设计人员；二是目前国内的有关大棚规范中存在某些瑕疵，未能考虑柔性结构与刚性结构的本质区别，书本与实践脱节。

我是一名学结构的土建高级工程师，从大学毕业就在设计院工作，一直关注塑料大棚的设计。经过在全国各近 20 年的实践，我所设计的大棚已在内蒙古、辽宁、吉林、黑龙江、安徽、江西、河北、江苏、广西、广东、海南、山西、陕西、甘肃、宁夏、山东、湖北、青海、新疆、河南、四川、云南、浙江等二十几个省、自治区获得成功，效果良好。许多大棚还经历了特大风暴和大雪、冰雹的考验，许多六年前建成的大棚，膜未换，至今还在使用。

　　有这样一组数据，一套科学详尽的大棚设计施工图纸将给建设者节约一半左右的资金，同时还能大大减少重大灾害造成的大棚损失。

　　另外，一套科学的施工方案及详尽的操作工法也能降低或避免大量的浪费，还能缩短工期，保证质量。

　　我设计的大棚所追求的目标就是要求达到：同等强度，造价最低；同等造价，寿命最长；同等材质，跨度最大；同等跨度，强度最坚固。

　　温室大棚的科学设计与建设是目前国家最具经济潜力、最期待研究改进的重大课题之一。因为，国家每年用于大棚上的资金太多了。

　　以下，逐一将目前国内常用的温室大棚展示给大家，并进行讲解，以便广大农民兄弟在最短的时间里，游览温室大棚世界，开阔视野，进行多方案比较，最终选择适合自己的大棚方案。

第一方案
传统北方温室及其改进

1.1

传统砖墙或土墙支撑拱架的日光温室

（拱面朝南）

第一方案的适用范围：适合蔬菜大棚、花卉大棚、养殖大棚、水产或作为生态餐厅。

这是传统温室（见下图），虽然它存在许多致命的缺点（详见第二章），但由于使用者绝大多数对热学知识认知偏差，是无法从理论上挑战它的。所以，我虽然不推荐这个方案，但也不拒绝设计这一方案。原因是，许多地区只有实施这种方案才可得到高额补贴。这类温室的每亩造价在 10 万 ~20 万元，有的地区还要更高。这类结构适用于跨度在 8~11m 的温室。

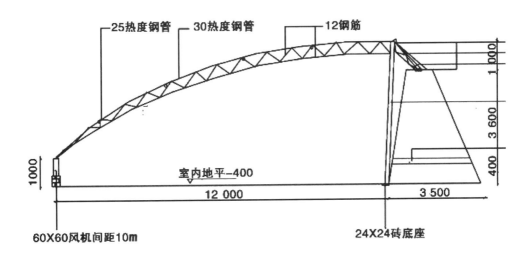

我希望推荐的方案，大多都是对传统大棚的优化，去掉一切不合理、不划算的部分，比如下挖棚内土，去掉后墙、侧墙和后顶板、地梁、厚棉被、棚外休息储物房等，从而达到降本增效的目的。

1.2

大棚拱架选择钢框架结构，砖墙和土墙只起封闭作用的日光温室

这类大棚的钢拱架是不搭在墙体上的（现实中由于对墙体基础未进行土力学计算，常出现局部垮塌），拱架自身带后立柱，形成框架结构。墙体及挂板只起封闭作用，墙体可比传统温室墙体更薄。有一定的推广价值。但这类墙体的高度一般不得超过3m，且必须与立柱有一定的连接。这种大棚最适合于墙已经事先砌好了的情况，将我设计的拱架与已有的墙体合理连接，大棚就建好了。这类结构适用于跨度在 9~15m 的温室。本方案可与后面的方案九合用。

1.3

房屋连体大棚

（含圈舍连体）

是 1.2 的另一种用法，就是将其依靠到现有房屋。通过与原有建筑锚固连接，形成"房屋连体大棚"。

"房屋连体大棚"也存在许多缺点，比如后坡的排水困难；对房屋要求有后窗，否则房间内的空气质量差，夏季室内温度过高等。如果后房用于饲养，效果会更好。

1.4

水箱式后墙温室大棚

（钢框架结构的一种）

　　这类日光温室盖上厚棉被后，在没有任何加温措施的情况下，在我国东北地区，凌晨棚内温度还能维持到 5℃左右。

　　许多用户总是希望在我国东北地区，凌晨棚内温度还能维持到 10℃。我告诉大家：有时能达到，但遇到连阴雪，由于太阳能不足，而只能维持到 5℃左右。能量守恒定律指导着我们的思路。要想改变这一现状只有靠补充热能或想办法保存土壤秋季高于 10℃以上的地温来解决。我将在方案十中予以阐述。

第二节

第二方案
棉被包裹的保温拱棚

2.1

焊接式桁架全拱形
全棉被包裹保温大棚

（东西走向）

骨架选择拱形结构。保温被选用较厚、防水、耐久的保温棉被。由于厚棉被重量较大，加上卷轴和大雪荷载，一般拱架间距控制在 1.5~2m。并及时清雪。

在我国东北地区，冬季凌晨温度能维持到 5℃ 左右。朝北面的棉被，冬季长盖，夏季温度过高时可卷起。

该方案较传统带后墙的温室有以下优点：

（1）取消了砖墙、墙下基础、后斜坡板等材料，费用明显降低，以12m跨为例，每平方米全部材料费为80元左右。

（2）施工简便。

（3）冬季温度基本等同于第一方案。

（4）光照度及通风有显著提高。

（5）跨度最大可达 18m。

（6）土地使用率高。

该方案，最适于瓜果、蔬菜、蘑菇、水产的生产等。

值得提醒大家的是，本节介绍的大棚两侧如果有垂直段（如下图），注意千万不能使用中推式卷被机，而只能使用侧卷式卷被机（下图右）。

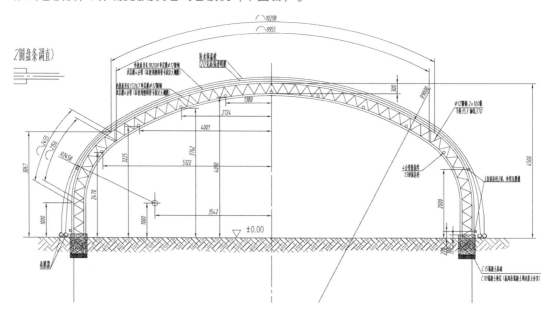

2.2

全棉被包裹阴阳棚
（东西走向）

对于上述 2.1 方案，也是可以在拱架横向 2/3 处，用红砖将大棚沿纵向分隔成阴阳两个空间，就是目前常见的阴阳棚。但此时必须在 2/3 处增加钢柱，并将钢柱与墙体适当连接，以加强墙体的整体稳定性。目前也有用隔板代替砖墙的，隔板固定在钢柱上。这一方案由于增加了钢柱，拱架间距可适当扩大，跨度亦可有所增大。

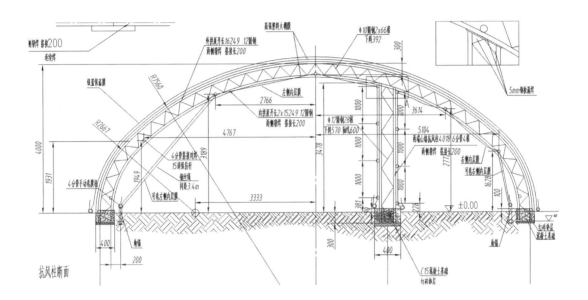

2.3

全棉被包裹冷暖两用棚

如果将 2.2 的墙体换成两层中空的银蓝膜隔断。天冷放下隔断，阳面种植，形成暖棚；阴面闲置。天气转暖，将隔断卷起，便成了全拱棚。有报道，有人将这种被隔断隔成阴阳两个空间的拱棚的功能发挥到极致：朝阳的一面种蔬菜，朝北的一面种蘑菇，取得了很好的经济效益。

2.4

南北走向的全拱形
全棉被包裹保温大棚

由于土地的限制，拱棚为南北走向时，与 2.1 方案区别仅在于：使用两台普通端部卷帘机，操控起来比较麻烦。天气转暖后，优势才能显现出来。

以上四种均为焊接式拱桁架结构。随着压延工业和钢管成型机的发展，镀锌椭圆管装配式骨架异军突起，直接挑战了传统的焊接大棚工艺。于是就有了装配式全棉被包裹保温大棚的推广。这里只是顺便提一下。详见本章第七节和第九节部分内容。

以上五个小方案，由于都需要外盖厚棉被，费用很高，且使用上也增加了一些麻烦。

但是，到目前为止，就保温效果上来看，我们还没有找到比大棚保温棉被更有效的方法。

下面，我就保温棉被存在的缺点一一道来，目的就是引导大家，针对缺点提出改进建议，从而不断推动大棚事业向更美好的方向发展。

（1）运输费很高。

（2）棉被本身价格就很高。

（3）卷被机的价格高。

（4）运行维护费用高。

（5）除雪难，排雨差。

（6）必须有电力设施。

（7）棉被及设备重量大，对拱架强度提出更高的需求。

（8）棉被容易生细菌。一旦损坏，难以处理。

总之，从投资角度来看，为棉被而产生的费用，要占到总投资的 50% 左右。

为此我提出方案十，从理论到实践，引导大家面对问题，勇敢地去解决问题。

第三节

第三方案
抗台风大棚

3.1

扁拱形焊接式
加强型抗台风大棚

　　我国东南沿海地区，每年夏秋季节，常会遭遇极端的台风天气，并伴随大暴雨的来袭。这种极端天气对这些地区的农业和水产养殖带来摧毁性破坏。如何设计出能抵御台风，能将损失降到最低的大棚成为新的课题。目前实践经验不足，处于试验摸索阶段。

　　这类大棚一般不覆盖棉被保温，外形均为流线型，低而扁。跨度不宜过大，一般不超过12 m（水产大棚可适当加大）。

　　每亩造价，以12m跨为例，一般为5万~7万元。

　　这类大棚主要采取以下措施来面对台风：

　　（1）选择扁圆外形，减少对风的阻力。

　　（2）拱架采用三角断面空间桁架，加密、加粗杆件，增强骨架的抗荷载力。也可以采用椭圆钢管，实现装配式结构。

　　（3）大棚膜选择有利于抗风的品种和铺设方法，有时要丢膜保架。

　　（4）适当减小大棚长度，留出泻风通道。

　　（5）沿拱架迎风面，砌筑矮墙，产生回头风，削弱来风。

　　（6）膜要绷紧以防止水兜和风兜。

　　（7）可在迎风面加建柔性挡风墙，分担部分风荷载。

　　（8）棚内下挖0.5m，以保护棚内植物根系。弃土堆在四周。

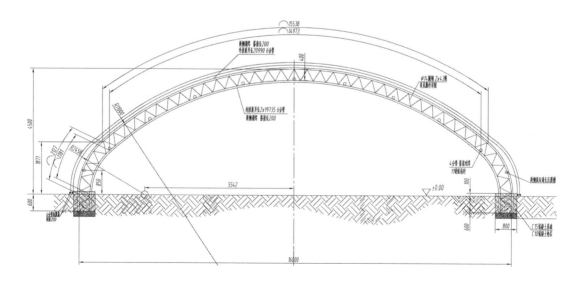

3.2

扁拱加 500 垂直段 加砌矮墙挡风型抗台风大棚

沿拱架基础，砌筑矮墙挡风的目的是，在强风下，贴地风不至于将矮墙吹垮，同时产生回头风，抵消一部分来风。另外，也保护了低矮农作物或棚内池塘内的水产品。

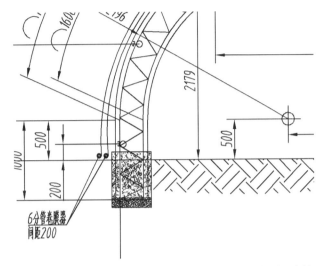

大棚两侧 500mm 垂直段加砌 370 通长红砖柱间墙，方法是将红砖深入柱内 50mm，柱内空间灌注 C5-C10 细石混凝土。

"柱间墙下基础"现场确定。

3.3

镀锌椭圆管装配式 骨架半地下抗台风大棚

从受力来看，抗台风大棚与全棉被包裹保温大棚是类似的，都是在普通大棚中的计算中增大外部荷载。

第四节

第四方案
新型全拱形焊接式冷棚

这一方案的优点是，由于拱架上没有棉被，上部荷载大大减小。大棚骨架用钢量因此降低。区别于传统冷棚的地方是，在大棚膜外增加了一层银蓝保温遮阳膜（可双侧手动卷起），大棚两端为中空双膜。冬季取代棉被，夏季遮阳，同时还能有效地保护大棚膜，延长棚膜寿命，同时能防止暴雨形成"水兜"和加快积雪的滑落（见下图）。

为了适应国内不同地区的风雪荷载的差异，我设计了三个受力级别，分别是 4.1、4.2 和 4.3 三个小方案，以求最大限度地降低成本。

4.1

普通型覆盖保温遮阳膜，两端为中空双膜大棚

（拱架横断面为平面桁架，最大跨度为 13m）

4.2

加强型覆盖保温遮阳膜，两端为中空双膜大棚

（拱架横断面为平面桁架与三角桁架相间，最大跨度为 13m）

4.3

坚固型覆盖保温遮阳膜，两端为中空双膜大棚

（拱架断面均为三角形桁架，跨度最大可达 20m）

这种结构最坚固稳定，最常用到。

以上三个方案的优点是，抗狂风暴雨、大雪冰雹能力强。土地使用率高，这类大棚不分朝向，布局更为灵活。施工工期短并安全可靠。这类大棚拱脚下可增加垂直段从而提高了边缘土地的利用率。

　　造价较第一、第二节的方案明显降低。13m 跨以下，每亩造价为 5 万 ~7 万元；13~20m 跨的，每亩造价为 6 万 ~8 万元。

　　缺点是，冬季保温效果要低于前面讲的方案一，在没有任何加温措施的情况下，在我国东北地区，凌晨棚内温度只能维持到 -8℃左右。对外部供暖设施依赖程度较高。如果不采取供暖，更适用于纬度较低的地域，如淮河流域、长江流域等。华北、东北、西北地区可在此基础上增加棚中棚，详见第十节。

4.4

带中柱大跨度大棚

（可做到 22m 跨）

4.5

全拱形无保温覆盖焊接式大棚

（最常见的冷棚）

　　这一方案与前几个方案结构及做法基本一致。只是取消了拱面的银蓝保温膜及两端的双层结构。这类大棚也不分朝向。其实这类大棚也有普通、加强、坚固类之分，定义同上。

　　这种大棚方案的优点就是造价低，可延长植物生长时间。其他同上。

　　缺点是，冬季保温效果最差。凌晨棚内温度只能维持到较室外温度高出2~3℃。可采取棚中棚提高些温度。这类大棚更适用于纬度较低的地域，如长江流域、华南地区。但在北方地区如果能放弃冬季蔬菜产出或用于养殖，也是有巨大的价值。

4.6

全拱形镀锌椭圆管装配式骨架大棚 8～19m 跨

近年来随着焊工的日益减少，人工费陡增，焊接式大棚逐渐被椭圆管装配式取代。可详见本章第七节。

本节中的方案最适合与后面要讲的第十节组合，特别是增加内棉被保温后，效果可达到或超过方案一，可成为目前许多地区的首选方案。

本节方案的适用范围：跨度 13m 以内的，适合蔬菜大棚、果树大棚、生态大棚、育苗大棚、林业大棚，也适合养猪大棚、养羊大棚、养鸡大棚、养鸭大棚、养鹅大棚。跨度 14~22m 的，适合养牛、进行水产养殖，或作为采摘园、钓鱼馆、生态园或多功能大棚（如农家乐大棚、园林大棚、花卉大棚、生态餐厅等）。

为什么大于 13m 的大棚，就不适合种植了呢？

原因有三：

（1）高度大，造价高，大量空间被浪费。

（2）高度大了，风力大，大棚膜要选择 16 丝的厚膜，透光率低，自然光照不足。

（3）空间过大，温升慢，需要的热量多，二氧化碳需求量也大。

其实大棚的跨度及高度的选择，应遵循满足功能需求的"最小跨度和最小高度原则"。实用、经济、耐久、美观才是我们应有的设计方针。

大棚中的高大上是典型的形式主义表现，在且温度、光照、通风、湿度、操作、维护等方面效果并不一定好。

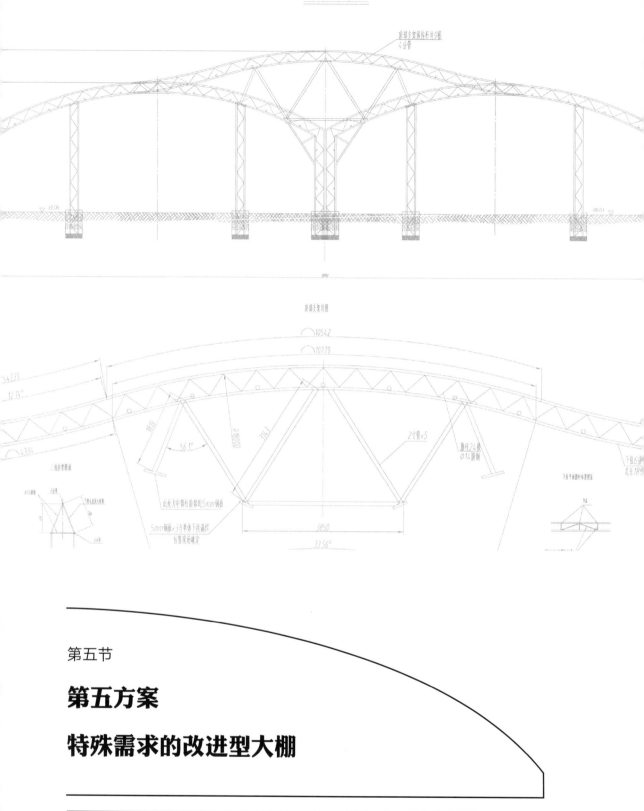

第五节

第五方案

特殊需求的改进型大棚

在十几年的大棚设计实践中，有时会遇到一些特殊需求的客户。他们有的是受到土地限制，有的是功能奇特。只要他们的要求符合常理，又在我能力范围，我尽量还是根据他们提出的条件开展设计。这类大棚情况复杂，其各自的造价、适用范围和温度指标都有所不同，可参考其他类似方案比较得出。

5.1

非对称拱形大棚

这种大棚的优点是，当东西设置时，太阳入射角限定在一定夹角范围；前排棚对后排棚的遮挡最少；棚内光线比较均匀，风阻较小。

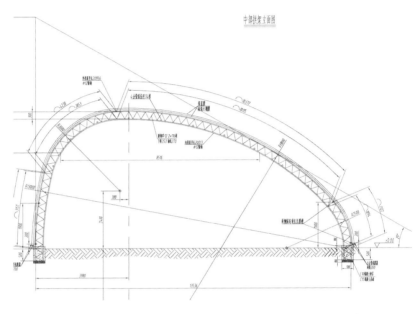

中部拱架立面图

上图右侧夹角 29°

5.2

不同跨度连栋起拱的连栋大棚

5.3

一侧为垂直段，镜像组合成大跨度带中柱装配式大拱棚

（最大可做到跨度为 22m）

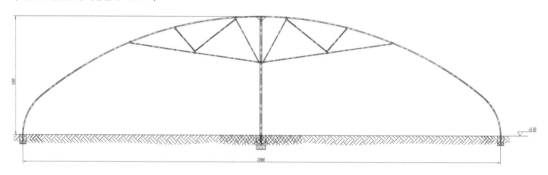

将半拱大棚骨架翻转 180°，产生镜像倒置的图纸，两垂直段相靠，变成了带中柱的大跨度拱棚。这一思路在力学上解决了三条腿的计算难题，在制作上解决了占地过大的问题，在施工上解决了刚度不足、重量过大等一系列难题，是大跨度大棚的一场革命。

附注说明：
1 弦杆与腹杆连接采用骑马系骑卡骑骑骑骑骑骑骑。
2 大棚纵向及檩条与檩骑骑骑骑骑M6骑骑骑骑。
3 端部骑骑骑骑骑骑骑骑，两骑由平的骑分段，骑骑下一起骑骑，定骑为垂直骑骑，骑系统骑骑骑度半骑骑定。
4 各门门门骑采用37骑骑骑。
5 端部的骑中柱骑骑及骑可变骑骑，由立骑骑骑定。
6 抗风骨及骑骑础骑土及骑骑骑骑之后安骑骑骑安骑，骑风柱骑骑骑口骑骑骑度骑骑度骑。
7 拱骑外侧骑骑高骑骑，骑120无骑骑骑骑大棚，补150骑骑度（骑骑度）保温骑骑骑。
8
9 两半拱骑直骑骑骑骑骑骑骑骑面上骑棚骑分骑骑骑100@500。
10 骑电骑骑骑由出射光线，骑骑骑骑骑面，骑加透明度。

5.4

一侧为垂直段，镜像组合成大跨度带中柱焊接式大拱棚

（最大可做到跨度为 30m）

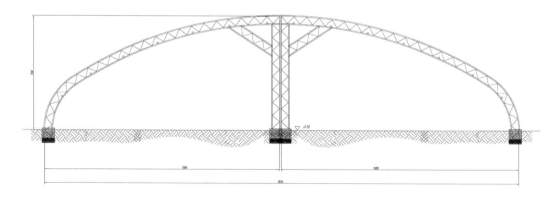

5.5

超大跨，多根中柱镜像组合大拱棚

（最大可做到跨度为 38m）

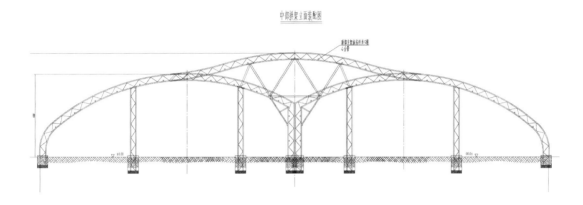

中部拱架立面装配图

5.6

**对带两侧垂直段拱棚的
垂直段的局部加高大棚**

我国国土辽阔，气候条件差异很大，特别是风荷载各地不同。在实践中，用户常提出加高两侧垂直段的需求，既要解决这个问题，又要尽量节约投资，简化施工难度。一般来说可采取垂直段在原有设计图纸基础上帮焊钢管（4分、6分、1寸）局部加强的方法（经验）。帮焊范围为从基础底面至垂直段距离顶部100mm。帮焊方法为焊缝长度100mm，间距（空挡）50mm。同时基础也要适当加深。(下图左为美国加州独立柱大棚)

5.7

带中柱半球形大棚

（焊接式结构大棚直径可达 30m，装配式最大直径可做到 22m）

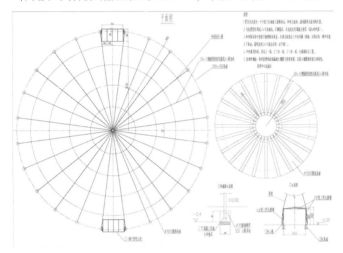

用的也是一侧为垂直段的半拱骨架，以垂直段为轴，旋转360°，相当于以垂直段基础点为圆心，以半拱棚的跨度为半径，在地面上画了一个标准圆。几十个拱架的垂直段扇形相靠，形成了一个带组合中柱半球形大棚。这一思路在力学上解决了半球形大棚计算难题，大幅度降低了建设成本（与方案八中鸟巢大棚比较，最多可降低 90%）。在施工上减少了高空作业，在实际使用上，有一个中柱，并无多大影响，且可以中柱作为中部环形楼梯的支柱，也是高档鸟巢式大棚的一种低端化。

5.8

天圆地方带中柱装配式球冠顶带四侧垂直面大棚

5.9

中部矩形、端部球冠形组合装配式大棚（22m 跨）

第六节

第六方案

连栋大棚

连栋大棚不适宜盖厚棉被，故保温性能差，覆盖保温遮阳膜，凌晨棚内温度只能维持到比室外温度高出2~3℃。造价普遍较高。除分体连栋形式以外，均存在排雨、除雪、通风不畅、温度不均匀和压膜线难以设置的难题。

6.1

PC 板、玻璃板铺设的高档连栋大棚

（简称玻璃大棚）

文洛式大棚。这类大棚感官上舒适，高大、宽敞、明亮；但造价特别高，每平米要在 1000 元以上。这类大棚受力复杂，设计难度大。不同玻璃大棚配件厂家，使用各自标准的配件、连接件、密封件、檩条等。这部分详图就由厂家来完成了。另外，这类大棚采用的是折叠式内保温，由于四周缝隙的存在，效果并不理想。如采用外部供暖，则费用很高。

6.2

铺设薄膜分体式连栋大棚

这是一种将单栋带垂直段拱棚，连续间隔放置形成的连栋大棚，更适合推广的"连栋大棚"。这种分体连栋大棚，是将单体大棚，棚棚相距 300~400mm，可单体隔断，亦可连通使用。其优点是：能通（即将相邻的膜卷起）、能分（即将相邻的膜放下），便于通风，简化了遮阳保温层的放置；既降低了成本，取消了上部排水槽，又解决了排雨和除雪困难、通风不畅、温度不均匀和压膜线难以设置的难题。

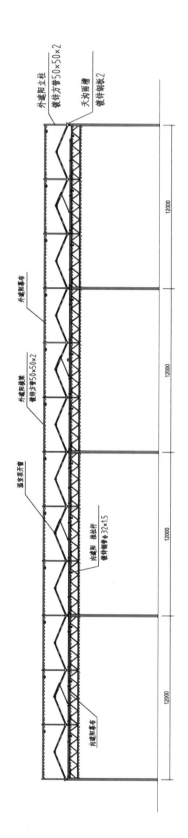

大棚膜选用耐久性好的 12 丝的优质大棚膜，上部可加盖银蓝保温遮阳膜，或薄棉被，配以双侧手动（电动）卷膜机，但不能使用卷被机。所以这类大棚长度一般控制在 50m。

这类大棚造价最低：13m 跨以下，每亩造价为 6 万~8 万元；14~20m 跨的，每亩造价为 7 万~9 万元。

这种方案的优点是：抗狂风暴雨、大雪冰雹能力强；单位面积造价较其他类型连栋大棚明显降低；土地使用率高，不分朝向，布局更为灵活；施工工期短，并安全可靠；单跨最大跨度可做到 20m。

该方案的缺点是，冬季保温效果一般，在我国东北地区，凌晨棚内温度只能维持到 -8℃ 左右，对外部供暖设施依赖程度较高。如果不采取供暖，更适用于纬度较低的地域，如长江流域等；如果采取供暖，可适合东北、西北地区、华北地区。当冬季采用暖风机采暖时，由于可以分区供暖，从节约能源角度来看，这种分体式是最具合理性的。这是一种新型大棚设计，有很好的推广价值。

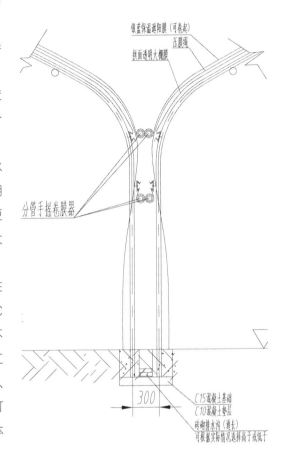

连栋大棚中部拱架装配图（卷起）

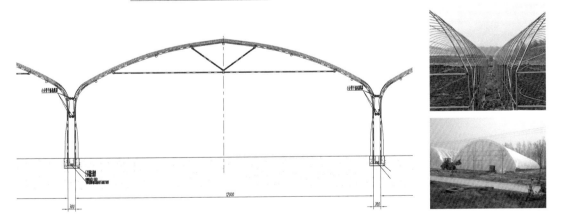

6.3

铺设薄膜焊接桁架式连栋式大棚

这种大棚就是将 6.2 的分体式连栋大棚紧靠在一起，两拱相交处放置排水槽。

此方案较分体式连栋大棚造价略高，每亩造价为 10 万 ~12 万元。这类大棚保温差，排雨、除雪困难，通风不畅，压膜线难以设置，是传统连栋大棚共同存在的问题。以下几种连栋大棚都有这些缺点。

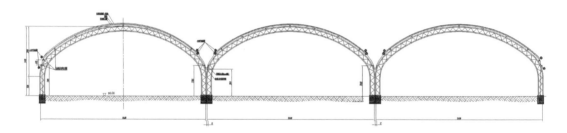

连栋大棚中部拱架装配图（卷起）

6.4

铺设薄膜，型钢焊接、装配骨架连栋大棚

这是目前使用较多的一种，经验成熟。但受力复杂，力学计算难度大。每亩造价为 10 万 ~12 万元。两拱连接处设排水槽。

6.5

铺设薄膜，型钢焊接骨架带天窗连栋大棚

每亩造价为 11 万 ~13 万元。

6.6

铺设薄膜，用镀锌钢管装配式连栋大棚

每亩造价为 8 万 ~ 10 万元，上部要放置排水槽。该类大棚受力明确，便于计算，单跨较大，施工方便。有逐步取代 6.4 的潜能。

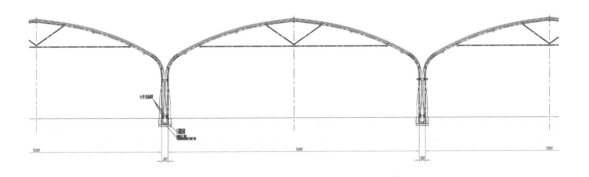

6.7

索膜连栋大棚

（造价不详）

这是近年来新出现的新型结构形式，其原理是悬索大棚结构，也可以做成单栋索膜大棚。实践反馈，效果不是很好。

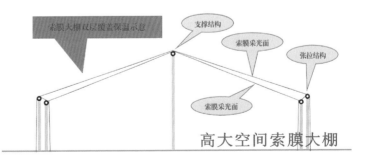

6.8

铺设薄膜，型钢装配式骨架连栋大棚

（很少用）

第六方案的适用范围：单跨跨度 8m 的，适合大棚蔬菜、花木大棚、采摘大棚。单跨跨度 10~20m 的，适合大棚养殖，如水产大棚、大棚采摘园、大棚钓鱼馆、大棚养牛、大棚养鱼、大棚生态园或大棚餐厅。

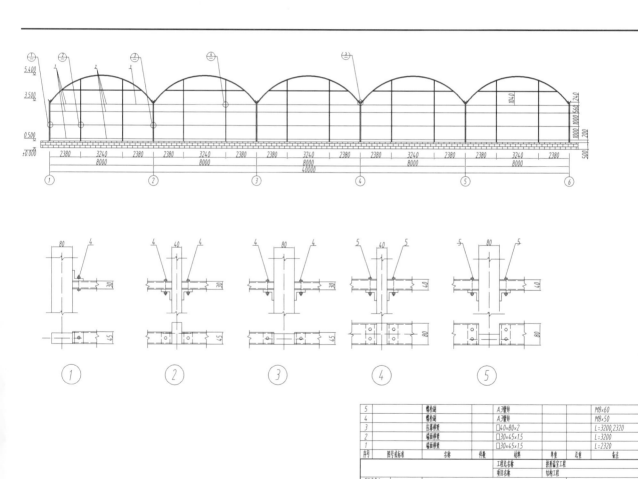

5		棚栓钉		A3镀锌			M8×60
4		棚栓钉		A3镀锌			M8×50
3		拉幕横梁		□40×80×2			L=3200,2320
2		端面横梁		□30×45×15			L=3200
1		端面横梁		□30×45×15			L=2320
序号	图号或标准	名称	件数	材料	单重	总重	备注
				工程总名称	挂界温室工程		
				项目名称	结构工程		
项目负责人							
批 准			南端面结构布置图				
审 核							

第十节

第七方案

装配式拱形大棚

多年来，江南的装配式大棚，一般采用直径 22~32mm 的热镀锌钢管，便可建成单拱或连栋的农用大棚。其优点是：造价低（每亩 3 万元左右，随跨度增加有所提高），工期短，拆装方便，土地利用率高。缺点是，抗风雨能力差，寿命短，跨度、高度小，棚内环境较差，不能覆盖棉被，保温效果差等。

随着钢铁压延工业和钢管成型机的发展，镀锌椭圆管装配式骨架异军突起，直接挑战了传统的焊接式大棚。于是就有了装配式全棉被包裹保温大棚和大跨度装配式大棚的出现。许多地区建设了用椭圆管、几字钢、方管等断面钢管所做的装配式大棚。这类异型管需要专用的弯管设备、缩径设备，所以一般是由专业队伍加工或安装施工。

装配式大棚与前几章所讲的焊接桁拱架结构大棚相比，具有同样的强度、寿命、保温性，且工期短，拆装方便，还便于冬季施工且造价低；缺点是必须依靠设备弯管，单拱跨度也略小于焊接式（见方案四）。

7.1

普通型镀锌圆钢管装配式大棚

（带端部斜撑杆，825 型）

7.2

加强型镀锌圆钢管装配式大棚

（带下弦水平杆，1032 型）

7.3

坚固型镀锌圆钢管装配式大棚
（端部带抗风柱 1026 型）

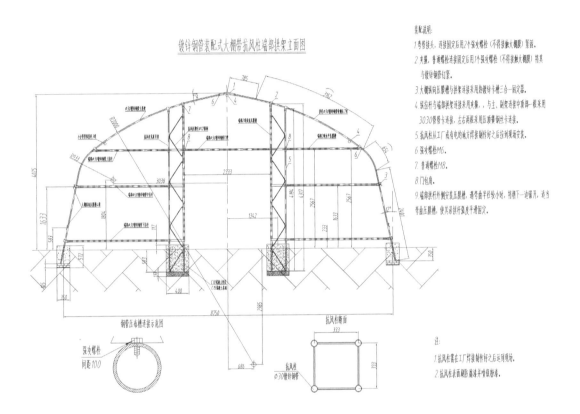

镀锌钢管装配式大棚带抗风柱端部拱架立面图

装配说明：
1. 零件接头，连接固定后用2个强攻螺栓（不得接触大棚膜）紧固。
2. 夹箍，普通螺栓连接固定后用1个强攻螺栓（不得接触大棚膜）将其与镀锌钢管钉紧。
3. 大棚纵向压膜槽与拱架连接采用热镀锌卡槽三合一固定器。
4. 锁拉杆与端部拱架连接采用夹箍，与主、副架连接中顶部一根采用3030管卡连接，左右两根用压顶簧钢丝卡连接。
5. 抗风柱从工厂或有电的地方焊接制作好之后往现场安装。
6. 强攻螺栓M6。
7. 普通螺栓M8。
8. 门包角。
9. 端部拱杆外侧安装压膜槽，弯零曲率较小时，钢棒下一边锯开，适当弯曲压膜槽，使其与拱杆以强度平滑固定。

钢管压槽连接示意图

强攻螺栓
间距100

注：
1. 抗风柱需在工厂焊接制作好之后运往现场。
2. 抗风柱表面做防腐漆并喷锌粉涂漆。

抗风柱断面

抗风柱
∅30镀锌钢管

7.4

半拱形镀锌钢管装配式骨架
搭在砖墙上温室

详见 1.1。

7.5

增加中部立柱简易装配拱形大棚
（12m 26 管径型）

7.6

双层镀锌圆钢管拱形大棚
（跨度 12~16m）

　　方案 7.1 至方案 7.6 中，用镀锌圆钢管装配式的最大优点是，不需要昂贵的弯管机。家庭自制网管机便可完成加工。方案 7.3 还可以将其端部做成双层中空膜结构，在其上部覆盖银蓝保温遮阳膜，以提高凌晨棚内温度，从而扩大此类大棚的使用领域，对于目前国内出现大棚建设成本过高而需降低人工等费用，意义重大。

7.7

椭圆管、几字钢、矩形方钢、C形钢等断面钢管所做的装配式大棚

这类温室大棚是目前使用最广泛的一类。它可以实现本章以上6个类型的所用大棚形式，其强度、跨度、造价、寿命都有所提高。这类大棚最大跨度可达19m，还可以加盖厚棉被；每亩造价，以12m跨为例，在6万~8万元（棉被费用不计在内）。

这类异型管需要专用的弯管设备、缩径设备，所以一般需由专业队伍加工或安装。

7.8

装配式与局部焊接相结合的大棚

目前有些地区为了大棚更加牢固，将镀锌管装配式大棚的两端部拱架采取局部焊接和装配相结合，效果也不错，既节省了配件的采购成本和精度要求，还能增加大棚的整体强度。这种做法的最大问题是焊接处特别容易锈蚀，原因是潮湿地带"原电池的电腐蚀原理"。所以要加强焊点处涂层防腐处理，刷环氧防锈漆。

7.9

覆盖银蓝保温遮阳膜或棉被的镀锌钢管装配式拱形大棚

可以参照方案四覆盖银蓝遮阳保温膜。棚内温度可提升 6℃左右。还可与方案十中的小方案组合。适用于方案 7.1 至方案 7.8。

7.10

复合材料组装的拱棚

我不太主张这种材料，主要是得不到必要的力学参数，无法开展设计力学计算，也没有这方面的图纸，跨度一般较小。另外，一旦废弃，难以回收，造成环境污染。但这种大棚也有其一定的市场，原因是价格低廉，且省时省工。

目前，为适应养殖大棚中的腐蚀性气体浓度较高的要求，使用一种耐腐蚀性强、耐潮湿环境的新型的包塑钢管。

第七方案的适用范围：跨度 6~12m 的，适合蔬菜、花木；跨度大于 12m 的，还适合养殖、水产或生态餐园等。有关温度，与覆盖物有关，可参考其他章节。

第八方案

单跨在 22m 及以上的大棚

这类大棚复杂，每种小方案单位面积造价都很高，一般必须由专业队伍设计和施工；保温效果差，在我国东北地区，凌晨棚内温度与室外温度接近。

这类大棚，只适合生态餐园、游泳馆、钓鱼馆及大棚群中的领军大棚，棚内可建办公楼、宾馆等。当然也有例外。

8.1

22m 以上跨度全拱形棚

这种结构的大棚最大跨度可达 30m，造价较高，弯管难度大，必须由专业队伍施工，适合大型娱乐设施。

8.2

球形（鸟巢形、穹顶形）大棚

这种结构的大棚最大跨度可达40m。造价较高，必须由专业队伍施工，适合大型娱乐设施或大棚群的领军大棚。

8.3
轻钢结构双坡大棚
（装配式）

这种结构的大棚最大跨度可达50m，造价较高，必须由专业队伍施工，适合大型娱乐设施。

8.4
索膜伞状独立柱大棚
（比如马戏团的临时帐篷）

8.5
彩钢板无骨架
自承重大跨度拱棚

这种结构的大棚优点是大跨度，低造价，搭设快捷；缺点是不透光，隔热、保温差。解决的方法还是有的，这就要看设计师的聪明才智了。

8.6

圆形蒙古包式焊接桁架大棚

（污水处理环形池）

8.7

圆形蒙古包式椭圆管装配式大跨度大棚

（30m 无立柱）

这种大棚挑战了 8.2 鸟巢形空间网架结构，也改进了 5.7 方案的中柱的设置。范例少，要有吃螃蟹的精神。

8.8

大面积水塘的保温非防雨鱼虾棚

对于江南，特别是华南地区，鱼虾养殖的水塘的保温是提高养殖户经济效益的有效途径。随着高强抗张拉膜、抗张拉索的发展，这种保温、漏雨、通风换气式大棚便有了设计成功的可能。

这类大棚有个特点：大棚膜被铁丝穿有许多小孔，虽然降低了保温性，但同时增加了透雨性，雨水顺小孔流下，可浇灌土壤，大棚高度大幅度降低，通风透气，还适合大面积爬蔓瓜类的种植。到了雨季，要将棚膜拆除。

第九节

第九方案
一侧斜坡半拱形包裹保温被大棚

这类大棚就是包裹保温被、银蓝膜取代传统砖（土）墙温室的一种全柔性温室大棚。换句话说，方案九是方案一的改进。

这类大棚较前面讲的第一方案造价能降低 30% 左右。在我国东北地区，凌晨棚内温度也能维持到 5℃左右。

另外，这一方案设计的大棚，结构稳定，抗狂风暴雨、地震、不均匀沉降、大雪等自然灾害的能力较强。

这类大棚同时还解决了另一类问题：前面所讲的方案四和方案七中，棚内北侧的土地光照（非直射）不足，棚内植物长势不均衡。该方案最大限度地缩小了北侧朝向的土地面积，可将灌溉水渠和人行通道放到北侧。北侧直线段可粘贴反光膜。

9.1

焊接式钢桁架，取消砖混结构的后墙、侧墙和后顶板，全部由棉被包裹的柔性温室大棚

2015 年，黑龙江省佳木斯市玉龙泰棚业有限公司的一位大棚探讨者刘荣彪，在黑龙江及新疆两地，用我的这一设计理念和我的设计图纸建成了一批全柔性温室大棚，并进行了认真的温度测试。从结果来看，一切指标均达到和超过传统带后砖墙的温室大棚：在没有任何加温措施的情况下，在我国东北地区，凌晨棚内温度还能维持到 7℃左右，属于可以大面积推广的典型范例。（详见第二章，附录 1 "在实践中的温度测试及效果论证"）

9.2

焊接式钢桁架，前拱后坡形拱架全棉被包裹保温大棚

目前，在山东等地又出现了一种三角形断面拱架、盖棉被的温室大棚。其实该方案就是 9.1 方案的变形。就是将后部的垂直柱，向外倾斜一定角度，从而扩大了棚内空间，结构更加稳定，北侧风阻减小，还能避免垂直棉被内的棉絮下坠。保温覆盖要采用厚棉被，也可以铺设保温板，但缝隙要堵严。

9.3

镀锌钢管，装配式半拱形全棉被包裹保温大棚

拱架一般多为椭圆钢管或几字钢结构，需要专用成型设备。拱架直线段可垂直于地面，也可与地面有大于 75°的倾角（或与顶坡不同坡度后坡相结合），最大跨度为 12m。

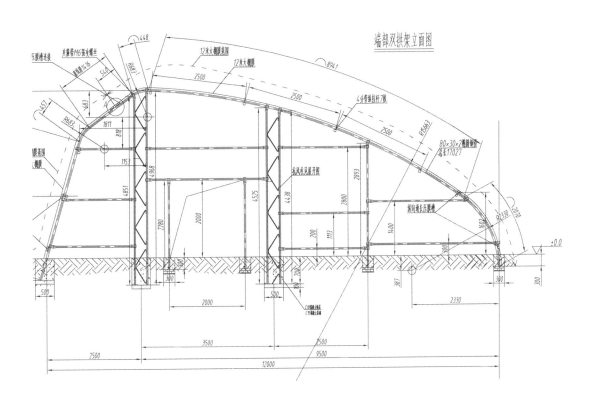

端部双拱架立面图

9.4

带一侧垂直段，大跨度装配式钢框架温室大棚

为满足客户的要求，对于跨度大于 13m 的，我采取增加中柱或采用桁架式装配式拱架的方法来解决。

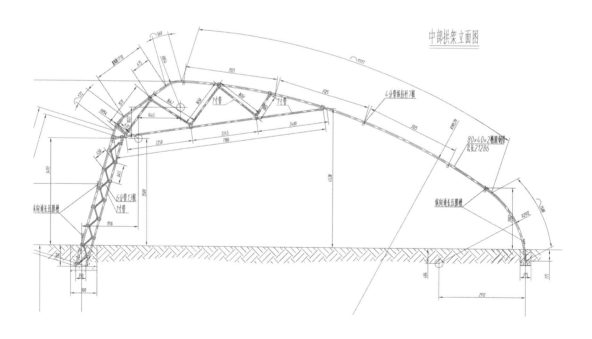

中部拱架立面图

9.5

镀锌钢管，装配式半拱形包裹银蓝保温膜大棚

镀锌钢管，装配式半拱形包裹银蓝保温膜大棚就是将本节前面几个方案中的保温棉被改为银黑膜，其他不变，其目的就是要避免棉被存在的缺点，并将造价降下来，当然保温效果也有所下降。在我国东北地区。凌晨棚内温度还能维持到 -8℃左右。

这个方案最适合内部搭设"棚中大棚"，在内棚上覆盖轻质反光棉被（详见第十方案）。从理论上讲，或许这才是最具前景的新型温室大棚，在没有任何加温措施的情况下，在我国东北地区，凌晨棚内温度能维持到 10℃左右。

谈一下第九方案的适用范围：跨度 8~13m 的适合蔬菜、花木；跨度 13m 以上的，还适合养猪、养羊、养牛等，或作为水产大棚或生态餐厅等。

第十节

第十方案

提高棚内温度改善环境的方法

10.1 棚内采用内部高透明膜吊顶，形成双层膜结构。

10.2 双层骨架，棚内搭设"中棚"。

10.3 双层骨架，棚内搭设"棚中大棚"，内棚上覆盖薄保温棉被。

以上三种方案是本书的重点，我们将在第二章第四节"双层大棚相比厚棉被的较量"中详细阐述，这里就不再赘述。

10.4

利用封闭养殖围栏的棚中棚

将牲口围栏加高，棚膜封闭，也可以作为产房和羔房。这种方案可提高棚温6℃以上。对于没有保温要求的，只封闭斜顶，以防止大棚上膜的露水滴落到牲口身上。

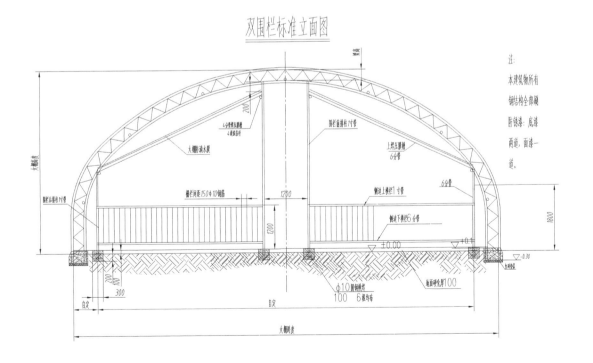

10.5

搭设的大棚内局部双层结构

在土地特别珍贵的地区，这种带围栏的大棚，还可以建得高大一些，加粗、加高围栏立杆。大棚上面搭设跳板，形成内部双层结构，下层用于对光线要求不高的养殖，上层可种植一些无土栽培的苗芽菜等。

10.6

PE 阳光板与普通大棚膜相结合的大棚

这种大棚的拱顶为 PE 阳光板，两侧垂直段为大棚膜，以便卷曲通风或遮盖保温。其一般造价较高，多用于养殖。

10.7

直接用滚轴卷保温被对池塘中的水进行保温

一种最简易的棚内池塘保温，比如钓鱼棚内，直接用滚轴卷上银蓝膜，在池塘上方离水面 30cm 处全覆盖，白天滚到一侧，卷起停放一端，晚间卷回来，将池塘罩起来。

10.8

大棚内增设采暖、通风、光照、除湿、降温设备的方案

目前，许多地区的大棚，并没有为提高大棚保温等性能而投入更多的建设费用，而是配备了暖风机等来提高棚内温度（分燃油、燃煤、燃气和电暖风机等）或其他需求。采用这种方法的优点是，不管天气如何变化，棚内的温度等都能够随时调整到满足生物对环境的需求。况且，极端天气一年也没有多少天，所花的运行费用远远要低于巨大的建设费用。如暖风机可采用小型可移动式的，几个大棚配备一组，轮流使用，费用就更低了。淮南等地区就适合盖银蓝膜，安装暖风机，其效果要远比建砖墙、盖棉被要实惠得多。如果换一个思维：当单凭建筑保温真的能满足极端天气的室内温度时，那么大量常态气温下的保温就显得多余或有些浪费了。

请记住：采暖、通风、光照、除湿、降温等设备都是人类重要的发明。试图单靠建筑本身来实现人们对环境的多方面需求，是不经济和不切合实际的。

10.9

实用型新专利
——柔性挡风墙

对于风力较大的地区，为实现局部大棚群的整体抗风能力，我提出在主导风向的上风头建设一道或两道"柔性挡风墙"。分散风荷载，改善了墙内局部的环境，从而大幅度降低了大棚的整体建设造价。该项技术已申报国家专利。

10.10

带光伏发电的大棚骨架，
充分发挥材料的效能

目前的光伏大棚发展进入深水区，理论与实践发生矛盾。人们忽略了二者使用的是同一能源——太阳能。发电与植物的光合作用发生争能、争地问题。抗风能力与建设成本也成为一种挑战。随做电补光技术在大棚中的使用，和选择弱光需求（如菌类、大棚养殖）的项目，这些困难和挑战都能迎刃而解。

10.11

大棚内搭设高档板房做工作间、餐厅、活动室

我最不提倡棚外单独建造工具间的做法，既侵占了道路，减少了可用耕地，又多花了许多冤枉钱，小房内环境也很差。

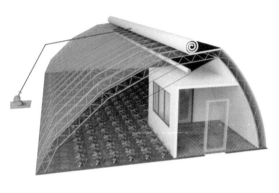

第二章

温室大棚科学设计、降本增效的理论认知

《塑料温室大棚设计与建设》的出版，也给我的生活带来了巨大的改变。每天都能接到全国各地的许多 QQ 留言、微信、短信、电话。有询问温室大棚设计问题的，有希望得到图纸的，有要求施工指导的，也有提出要与我辩论的。我最反对大辩论的，支持"不争论"原则，主张各讲各的，最终由客户自由选择。实践是检验真理的标准，这也是我们发现问题，不断改进设计的依据。

　　在与客户的交往中，他们提到最多的问题，就是如何降低大棚的建设成本。为此，我解析了各类大棚；看一看一座大棚到底由哪些部件组成，再对每一个部件加以分析，站在建筑力学、建筑光学和建筑热学的角度评价其必要性、合理性、技术经济性，从而得出是否存在降本的可能。为此，我写了一些专题文章，发表在网上，用以答复大家。比如：

《传统温室墙体有明显的建筑热学失误》

《大棚的钢筋混凝土圈梁基础有明显力学失误》

《大棚骨架类型的选择对成本的影响》

《双层大棚相比厚棉被的较量》

《降低棚内湿度及温度的理论依据及措施》

　　本节就是将我的这些认知介绍给读者，供大家参考。

第一节

传统

温室墙体

有明显的

热学失误

大家都知道，一般房屋墙体的第一作用就是支撑上部屋面、楼面荷载，抵抗水平地震力、风荷载，第二个作用是遮风避雨，第三个作用就是保温、防晒、隔音等。为了满足这些功能要求，一般建筑物四周墙体都要有一定的强度和厚度，加上墙体基础，对于普通的房屋建筑，花费在这方面的费用是十分巨大的，也是十分值得的。

然而，这种传统的思维方法如果放在温室大棚上，就欠合理了，其结果是，浪费了许多资金（目前日光传统温室大棚的墙体占温室总投资 60% 左右。考虑人工费逐年上升和土建备料、施工工序繁杂等因素，占比还在增加），同时还延长了工期，增加了工种，又污染了环境。如果再算上温室后顶板的费用和棚外盖生活小屋的费用，仅这些土建就能花掉总投资的 80%。

目前，支撑这种巨大浪费的理论（热学）是：社会上流传了一种学说，说是后墙砌得越厚，白天可以增加棚内的蓄热量，夜间放热，可提高棚内温度。在这种理论支持下，有的地区土墙已建到 3~6m 厚。有的地区还下挖棚内土，形成"半地下大棚"。

我曾力图想用热学原理来解释这种说法，也请教了一些专家，遗憾的是，至今也没有人能说清楚，以讹传讹，却根深蒂固。

其实，我举三个生活中的小例子便说明问题了：

（1）假如你家住平房，家里冬天的气温过低，有人出主意叫你只加厚后墙和山墙，说白天可以增加蓄热量，晚间放热，你能信吗？事实上，只加厚后墙不可能提高房间内的夜间温度。

（2）带后墙的温室，如果前面只是覆盖大棚膜，而没有棉被覆盖，凌晨棚内的温度与不带后墙的拱棚内的温度也是一样的。

（3）我们的住房如果盖成半地下室，告诉你，那是一间阴冷的库房。

根据能量守恒定律和辐射原理，厚墙对白天太阳能的摄入没有提高作用（太阳可是非采暖建筑物的唯一热源），夜间厚墙即使保温效果再好，热量也会从建筑物保温最薄弱处散失，即热量主要从大棚的顶部斜板及前部有棚膜、棉被部位流失。从建筑热学设计理论上说，这叫保温的等强原理，也叫"木桶原理"（木桶的盛水量是决定于最短的那块木板，其他板再长也没有用）。后墙不管保温性多好，也不过起到等同于棉被的保温作用。强出的那一部分全部是白费。

另外，厚墙释放热量时，热流方向是斜上方，对下部的农作物作用不大。真正起保温作用的是棚膜上部的棉被。维持棚内温度的主要能源是土壤和植被中储蓄的热量，是靠这部分蓄积的热量不断释放才有较稳定的棚内温度。可见，墙体本身增加储热量和提高夜间温度的说法是缺乏科学依据和违反生活常识的。

换句话说，不带后墙的拱棚如果也能盖上同样厚的棉被，只要棉被有防水性（即不透风性），棚内同样能达到带后墙温室的温度。下面展示一组实验数据来证明这一点：

西北农林科技大学园艺学院；宁夏大学农学院发表的日光温室后墙与地面对室内的放热情况课题中的结论性观点：

"为研究日光温室土质后墙与地面对室内的放热情况，测定了晴、阴天气条件下土质后墙和地面的表面温度及热通量。结果表明，单位面积墙体与地面各自的放热量与室内太阳辐射密切相关，晴天夜间单位面积墙体放热量为 $1.90MJ/m^2$，地面放热量为 $1.36MJ/m^2$，而阴天夜间单位面积墙体放热量为 $0.76MJ/m^2$，地面放热量为 $1.34MJ/m^2$。对于单位面积墙体和地面而言，晴天墙体放热量大于地面，阴天地面放热量大于墙体，无论晴天还是阴天地面全天放热总量总是大于墙体释放总量，且地面对周期热量变化的缓冲大于墙体。"

根据以上实验数据，我认为，对于不带后墙的"冷棚"，白天由于没有墙体在与地面争夺室内太阳辐射带来的热能，可使得地面能够蓄积更多的热量。到了夜间，地面放热量必将有所增加。其热流方向及周期热量变化的缓冲都将优于墙体。问题的关键是这类大棚必须全部包裹棉被，即与传统带后墙的日光温室覆盖同样厚度的"保温被"，这一点随着各类新型卷帘机的广泛使用已得以实现。另外，大棚两端部的保温也必须跟上。

我之所以要谈这个问题，首先是因为后墙造价实在是太高，土地浪费也太严重，还遮挡了墙后的土地，其次就是夏秋两季通风性太差。即使日光温室墙体有一定作用（最多能提高1℃），用如此高的代价去换来，也是不合算的。

最近，又见到一篇有价值的论文，是在呼和浩特赛罕区，为一种大棚型温室与传统温室的长达一年期的测光、测温、测湿的数据对照的研究。这种大棚型温室的后坡及后墙和两山墙均用保温被覆盖，以取代砖墙，从而大大降低了建设成本。

经测试得出以下结论：

（1）春、夏、秋三季，大棚型温室的光照度较传统温室有显著提高，湿度明显高于传统温室。特别适于这三个主要生产季节瓜类和茄果类等蔬菜的栽培生产。

（2）大棚型温室冬季最低棚内空气温度较传统温室低 1.8℃左右，平均地温较传统温室高 1.2℃左右，日平均气温较传统温室高 0.9℃左右，湿度略低于传统温室。经分析，造成这个 1.8℃的温差产生的原因，可能是阴面的保温被防水性不好（即不透风性差），地处北风直吹的位置，空气对流相对剧烈。如能适当加厚阴面的保温被（或增加一层银蓝保温膜），达到等温没有问题。

还有一组数据发人深省。有一组温室的热量散失组成比例：拱面 65%，后坡面 25%，后墙 7%，两山墙 3%。可见保温被和后坡面才是热量散失的主要通道，后墙越厚，保温被和后坡热量散失的比例就越大，后墙的保温效果就越不明显。

目前，在农业补贴政策上有时会遇到这种情况：拱棚即使盖了棉被也只每亩补贴 3 000 元，而带后墙的温室则补贴 10 万元。面对这一现状，我设计了"框架结构带后墙温室"。这种日光温室大棚是在目前常用温室的基础上加以改良，使之更加坚固耐久，跨度更大，单位面积造价也更低。详见方案 1.2。

从对大棚后墙的受力分析来看，后墙除了保温功能外，主要是承受拱架的压力和推力，以及承受上方坡屋顶以及上人的荷载。墙体太薄了，就无法抵抗这些外力。

所以，目前的温室后墙普遍很厚，造价也就随之上去。减少后墙厚度的有效方法是将拱架不再搭在后墙上，而是将拱架靠墙的一侧增加立柱，使其自身形成框架，墙体只起封闭作用。

我还建议取消上人屋面斜坡屋顶，理由是：上人屋面斜坡屋顶造价很高，很难保温，且不安全。目前各类大棚保温被的卷被机使用效果都不错，一般为下推式和侧卷式，并不需要人再上棚顶卷被了。

另外，我还要对目前广泛存在的温室外的生活小房提出改进的建议。可别小看了这个小房的投资，由于它是住人的，各方面的要求不可过低。解决的办法其实很简单：将小房移到棚内靠端部的位置，并留出面对棚外的门窗和烟囱。

从下图可以看出棚内生活间的设计原理：塑料大棚内已经创造了无风、雪、雨、雹的小环境，棚内温度、湿度均优于外部，但要加强通风。在这个环境中，加盖简易板房，一个廉价且环境优美的生态房就展现在我们面前。还可用高强膜周边一围，加个银蓝膜顶，一两千块钱就能盖得很好，且冬暖夏凉。

以上的最终结论是：只要我们能用棉被将冷棚盖严，棚内的温度与带后墙并盖同样厚度棉被的温室是一样的。取消了后墙和刚性的后坡面等，投资则会大幅度降下来。

科学设计是降低温室大棚建设成本的最有效的途径，是个十分有意义的课题，是个难度不大的课题，也是未被提到议事日程的边缘课题，同时也是能为国家和人民节约巨额投资的利国利民的大文章。

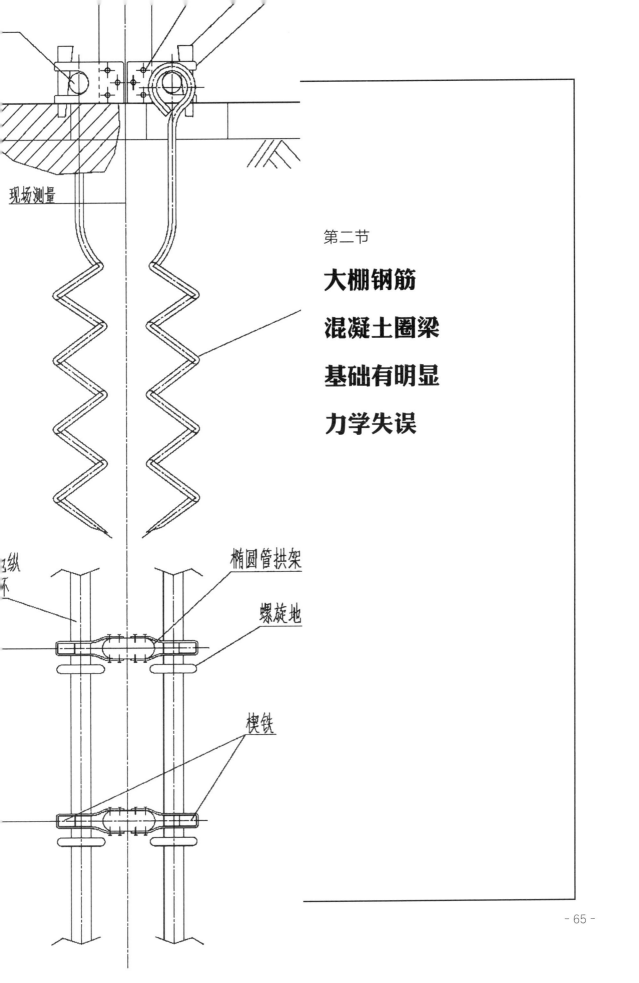

现场测量

第二节

大棚钢筋

混凝土圈梁

基础有明显

力学失误

纵筋

椭圆管拱架

螺旋地

楔铁

一、常用大棚基础

基础主要作用是抵抗在外部荷载作用下，使建筑物不产生过度的塌陷、不均匀沉降和水平方向的位移。

由于一般建筑物四周墙体自重很大，屋面、楼面荷载也很大，加上水平地震力、风雪荷载等外力的作用，房屋基础必须有一定的埋深、巨大的底面积和足够的强度。人们将基础看作建筑物最重要的部件。对于普通的房屋建筑，这一观点是正确的。

然而，这种传统的思维方法如果放在大棚上，就欠合理了，其结果是花了许多没用的钱（占拱棚总投资 20% 左右）。由于基础施工，延长了工期，增加了工种又污染了环境，其效果还不一定好。

在许多地区，大棚骨架焊接到地圈梁的埋设件上，有的甚至放在 1~2m 高的矮墙上。这就不只是浪费了材料的问题，而是产生了极大的安全隐患。

我常常举例：一个成年男子站在一个坚固的高台上（20cm），一位 10 岁的小男孩就足以将其推倒。如果是站在平地上或者站在独立的基础坑里就不会了。中国有句成语——"脚踏实地"说的就是这个意思。

从大棚实际受力分析来看，大棚建成后，钢骨架竖直方向主要承受自重荷载及雨雪荷载，基本不需要考虑活荷载。水平方向主要承受风荷载。而拱架由于外部蒙有塑料大棚膜，在大风的作用下，风对棚膜产生极大的向上的升力（由于棚内外风速不同，大棚膜向上鼓起）。而这个升力又使得大棚膜外侧数百条压膜绳（间距 1~1.5m，平时是松弛的）随鼓起的膜而上升、绷紧。而压膜绳两端是紧紧拴在大棚外两侧地锚的外露环上，风力便通过绷紧的压膜绳传给地锚，再传递到大地。此时大棚钢骨架只承受一部分的水平风力。

具体到钢骨架基础，在大风来时，迎风面一侧主要是向上的拔力和水平推力，另一侧承受的是向下的压力和水平推力。钢骨架基础主要作用是防止根基部位的前后左右的位移。就像一个叉开腿的人，站在地上，另一个人，从侧面推他。观察两腿的受力和位移，可见一腿向上，一腿向下。由此可见，传统的钢筋混凝土圈梁做法是值得商榷的。

既然传统大棚的钢筋混凝土基础有明显的力学失误，那么钢骨架下部应如何设计，如何施工呢？这个部位不是还存在一部分竖直向下的力吗？实践证明，有一个独立浅埋的素混凝土基础就足以。

　　这里还要阐明一个观点，就是刚性结构与柔性结构在受力上是有重大区别的，"峣峣者易折，皦皦者易污"。而大棚正是典型的柔性结构：大风起时，大棚膜在压膜绳的约束下时紧时松，骨架一腿升，一腿降，左右摇摆。只要压膜绳不断，地锚不被拔出，即使有部分骨架有些弹性变形，大棚也不会垮塌。有时大棚膜被撕碎，对大棚来说也就卸载了。沿海地区防台风的常用方法就是拆膜保架。

　　最常见的是混凝土独立基础。一般图纸上都标注这种形式。施工时，先挖基坑，测量、找平底标高，铺设基坑坚硬垫层，放入拱架，连接全部大棚钢结构，同时调整每榀拱架到准确位置（由于骨架精度一般不会很高，骨架下部在基坑中可随意移动位置）。然后浇筑混凝基础，最后夯实基础周边土。一般独立基础尺寸，埋深都比较小。力学计算模型可视为两铰拱（这一点尚需探讨）。

　　对于跨度小于10m的装配式钢管拱架大棚，如果是自家使用的，也可以简化成不浇筑混凝土。方法如下：

　　（1）先对埋入土下部分的钢材加刷环氧油漆，以防锈蚀。

　　（2）在每一根拱架的环氧油漆上画出地面标志。

　　（3）对拱架落地点进行准确测量定位，做地面标记（根据制作完的拱架进行测量、比对）。

　　（4）用木夯将标志点及周边土夯实。

　　（5）测量每一个标志点的实际标高，目的是计算出基础孔深度。

　　（6）用钢钎在标志点钻孔（下图左），达到需要的深度。

　　（7）拱架两侧插入基础孔，达到预想的深度（下图），夯实拱架周边土。

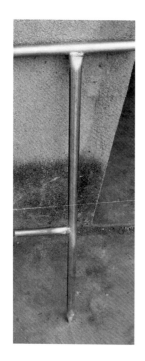

　　但有一点要特别强调：由于大棚两端的四根抗风柱以及棚内的中柱是大棚的主要承受水平力和垂直力的重要构件，所以，这些柱子的基础要加深、加粗，同时还必须浇筑钢筋混凝土，最后分层夯实基础周边的土，以防柱体受力倾斜。

二、螺旋地锚在塑料大棚拱架基础上的使用

　　这里只谈装配式大棚在北方冬季冻土条件下采用螺旋地锚代替混凝土基础。（此法尚未成熟，可少量试验，见本章第六节。）

　　这种方法不用开挖冻土，但要求施工精度高些（要保证6分镀锌纵拉杆能顺利穿入所有连接卡及地锚拧环）。

　　有关冬季如何在冻土中拧入螺旋地锚，其工法还要现场通过反复试验来解决。比如采用喷灯持续加热土、锚接触部位，热量传导至地锚尖部，融化前面的冻土，不断融化，不断拧进。

螺旋地锚与大棚骨架连接（作为拱架基础）示意图

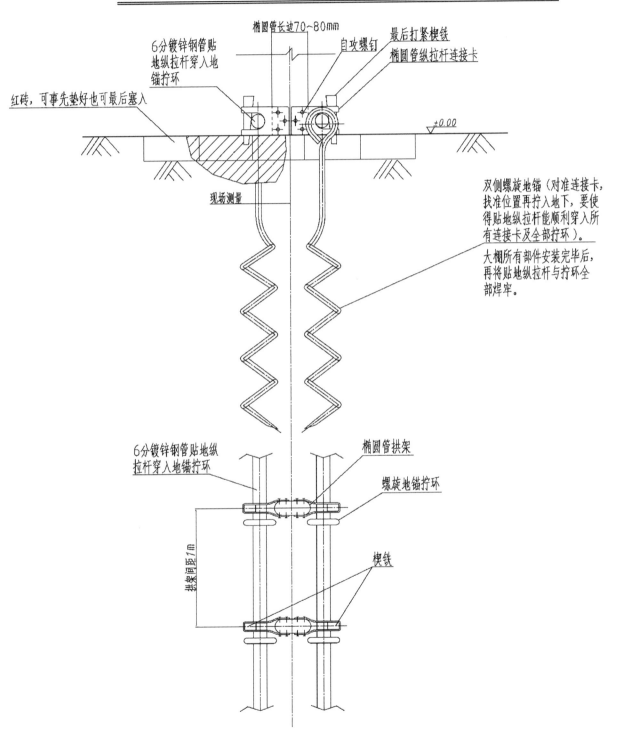

椭圆管长边70~80mm

6分镀锌钢管贴地纵拉杆穿入地锚拧环

自攻螺钉

最后打紧楔铁 椭圆管纵拉杆连接卡

红砖，可事先垫好也可最后塞入

±0.00

现场测量

双侧螺旋地锚（对准连接卡，找准位置再拧入地下，要使得贴地纵拉杆能顺利穿入所有连接卡及全部拧环）。

大棚所有部件安装完毕后，再将贴地纵拉杆与拧环全部焊牢。

6分镀锌钢管贴地纵拉杆穿入地锚拧环

椭圆管拱架

螺旋地锚拧环

拱架间距1m

楔铁

第三节

大棚骨架

类型的选择

根据以上两节所讲，大棚建设时钢筋混凝土圈梁、墙体都简化了，还能继续降低建设成本吗？本节讲述大棚骨架类型的选择和降本的关系。

其实大棚骨架也有降本潜力。目前国内的全拱形棚规模是巨大的，最少占到全部温室大棚的 80%。而这类大棚的主要结构件就是钢骨架。

大棚骨架设计是一个十分复杂且全面的科学论证过程，比如计算弧线的形状，分析骨架的受力，选择骨架的断面，确定材料品种、用量，优化骨架间距等。一系列的逻辑思维将会给我们带来全新的认识。下面从六个方面谈骨架的降本。

一、选择合理的跨度及形状

请看，一个 15m 跨、5m 高的拱架弧长和两个 7.5m 跨、3.75m 高的拱架弧长之和，哪个更长些？这个长度就是所用钢材、大棚膜、压膜绳的长度。长度小了，用料就少了，成本就低了。结果居然是 15m 跨的短。

原来，又大又高的大棚更省料，这出乎许多人的预料。当然这种比较的前提是指选用同一种材料的情况下，在一定跨度范围是有效的。目前最常用选用同一种材料的焊接式大棚的跨度为 8~13m。而 14m 以上就要选择更粗的材料了，成本也会随之有所增加。

从大棚整体外形来看，单拱双侧落地式大棚（俗称拱棚），最具节约材料的优势。因为这种大棚风阻最小，受力最合理、便于制作，所以造价低廉。另外，这种形状的大棚可充分利用土地，不受朝向限制，能最大限度地吸收太阳能。

15m跨拱棚与7.5m跨拱棚弧长比较

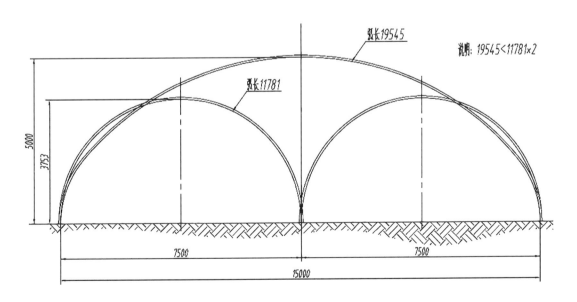

二、抗风柱的作用不可小视

造成大棚损坏的主要外力是狂风，特别是垂直于大棚两端的风力或旋风。从骨架的受力分析看，两端的端骨架与中部众多骨架相比，当风力直接作用在端部，端骨架的受力远远大于中部骨架。从整体稳定性来看，端骨架也起到关键的作用。举一个例子：10个人站在一排，手拿同一根钢管连成一体，当有一个外力，推倒第一人，其他人将随之倒下，这叫多米诺效应。如果两端换成两棵大树，同样的力作用在大树上，其他人将不会摔倒。可见只要加强端架子的稳定性，其他架子受力将明显减小。根据以上结论，大量的中部骨架用材可减小，间距也可以适当加大的，成本便随之而降。这叫作好钢用到刀刃上。那么如何加强端骨架的强度和稳定性呢？根据国家设计规范，增加抗风柱将是最简便的措施，同时还解决了端部门窗、通风口、烟道开洞等难题，起到一举多得的作用。

三、连栋大棚

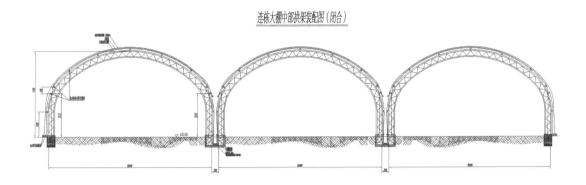

连栋大棚中部拱架装配图（闭合）

大棚主要承受的是多方向大风、大雨、大雪的外来荷载。面对这些复杂荷载，精确计算连体大棚每根杆件的受力是很难实现的数学、力学难题，目前连栋大棚分为两种类型：

（1）以镀锌管为主材的单柱整体式连栋大棚，此类大棚内的柱子都是独立柱，上部与拱架相连。由于杆件相互关联牵扯，计算难度很大，所以设计安全系数必须大。单跨跨度小，杆件直径粗，骨架密度高，导致建设成本增高。还有 PC 板、玻璃板铺设的高档大棚，造价就更高了。

（2）如何从根本上解决第一类的计算难题，从而降低成本呢？办法是有的，我提出了"单体紧靠式连栋大棚"和"分体连动式大棚"设计新思路。这一方法简化了复杂的力学计算，减少了骨架数量和用材断面，再加上空间结构思路，其造价与独栋拱棚造价已十分接近。较目前传统连栋大棚成本降低 40%。还可增加单跨的跨度，使其更加宽敞明亮。"分体连动式大棚"还克服了排雨水不畅、除雪难、通风不好及压膜线难以设置等一系列难题。

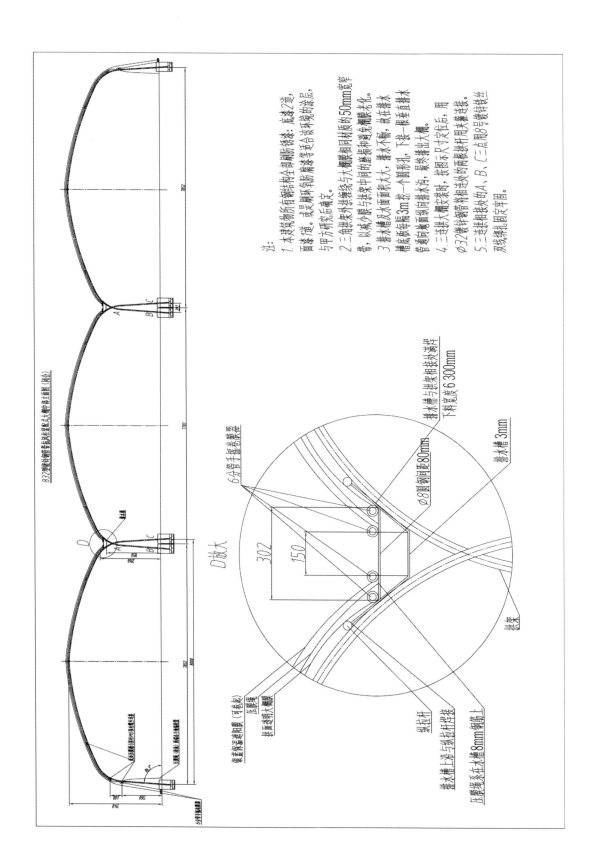

832型钢管骨架塑料大棚装配式大棚剖面设计图（局部）

D放大

覆膜保温遮阳膜（可卷起）
压膜绳
拱面透明大棚膜

纵拉杆

排水槽上沿与纵拉杆焊接

压膜绳系在大棚8mm钢筋上

6分管手摇卷膜器照

Φ8圆钢间距80mm

排水槽与拱架相接处满焊
下料宽度6 300mm

排水槽3mm

出水

302
150

注:
1. 本构筑物所有钢结构全部刷防锈漆: 底漆2道, 面漆道。或其耐候型防腐蚀等合该构筑物的涂层后, 与甲方研究后确定。
2. 三角拱架小棱与大棚纵拉线与大棚相同材质的50mm宽窄带, 以减小棱与大棱中间的搭头和避免棚老化。
3. 排水槽及大面面积大, 排水不畅, 就在排水槽底每隔3m处一个圆形孔, 下接一根垂直排水管道向地面纵向排水沟, 聚终排出大棚。
4. 三进大棚安装时, 据图示尺寸定位后, 用Φ32镀锌钢络柑拱处的两搭拱杆用本篝连接。
5. 三进相接处的A, B, C三点用8号镀锌铁丝双线扎固牢固。

四、选择合理的结构形式
及断面种类（跨度指单拱跨度）

大棚结构之所以采用钢结构，因为钢结构强度大、费用低，便于加工和安装，符合柔性结构的力学要求，并且易于回收，不会造成二次污染。一般钢结构骨架又分为三大类：

1. 焊接式钢结构

拱架断面又分上下上弦焊接式平面桁架和三角断面焊接式空间桁架（最大跨度22m）两种。采用以钢筋或钢管为主材。这种结构受力合理，便于精确计算，可有效地增加大棚跨度，提高抗风雪能力。对于三角断面空间桁架式结构还可加盖保温被。

还有一点也十分重要，就是焊接式钢结构便于非专业队伍施工。其缺点是施工周期较长。

2. 装配式大棚

即镀锌钢管（圆、方、异形）装配式或焊接式，又分为两类：

（1）镀锌圆钢管装配式大棚。一般采用直径 26~32mm 的热镀锌钢管为主材（也用复合材料），可建成单拱或连拱的农用大棚。其优点是：不需要昂贵的弯管设备，但需要自制弯管设备；人工成本低，工期短，拆装方便；特别适合春秋大棚，不一定专业队伍施工。其缺点是抗风雨能力差，高度小，跨度一般为 3~10m。也可用于棚中棚。

（2）随着压延技术的发展和异形截面弯管机的出现，近年来发展起来的椭圆管、几字钢、方钢、C 形钢等断面钢管所做的大跨度装配式大棚异军突起，遍布全国。原因很简单，圆管的几何形状惯性矩过小，对于受弯构件不如椭圆合理。目前单拱跨度可达 17m，带中柱跨度可达 20m。

3. 装配式鸟巢大棚

即穹顶形装配式大棚，其实就是一种网壳结构。适合于20m以上超大跨度。鸟巢温室大棚是一种基于仿生物学的一种新型温室大棚，它是利用自然界鸟类筑巢的三角交叉法及结合蜂巢的六角加固方式复合而成的高强度的曲面球体温室。该结构的大棚具有球体表面积最小、空间最大的几何特性。鸟巢大棚球体结构，能发挥强大的鸡蛋壳效应，从而使其具有较强的抗风雪性。鸟巢大棚目前推广难度较大的主要原因是造价太高，保温较为难，设计难度大等。它只适合现代农业观光业的主题建筑，再配以低造价的拱棚群。

另外还有一种带中间支柱的穹顶形装配式大棚，造价只是鸟巢大棚造价的1/10。详见第一章第五节。

五、副拱架的设计思路

大棚是一种膜结构，棚顶及周边覆盖的是一张柔软的棚膜。而大棚膜的松紧度、平整度会直接影响到是否兜风、积水、积雪乃至抗冰雹的冲击能力。这些外力同时都存在累计效应。为了使这些外力能及时通过并消散，大棚骨架必须有足够的密度，以满足整体平整度的要求。为此我提出了大棚受力拱架与支撑棚膜的副拱架分离的设计思路，从而最大限度地扩大了拱架间距，又防止了大棚膜过度塌腰。充分发挥各自应有的作用，从而既降低建棚的造价，又保证了大棚的质量。

从受力和节约材料来看，三角断面空间桁架式加钢筋副支架复合式最为合理，也是我最推崇的形式。

六、一架多用可发挥大棚骨架的最大潜能

随着光伏发电技术的推广，大棚群落安置光伏发电成为一种需求。而一种柔性挡风墙的立柱正好成为光伏发电板的合理支架，它能够满足光伏发电板不能遮挡大棚的要求，可随意调整高度，又有极好的抗风能力，又可以作为农场的围墙使用。

最终结论是：对于众多大棚来说，骨架的科学选择是降低大棚建设成本的重要因素。没有科学严谨的骨架设计，不但建设成本不可能降低，更重要的是大棚的强度及稳定性也得不到保障，一旦遇到狂风暴雨、冰雹或大雪，棚倒屋塌就可能发生。

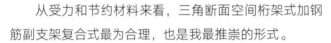

带后墙光伏发电大棚布置图

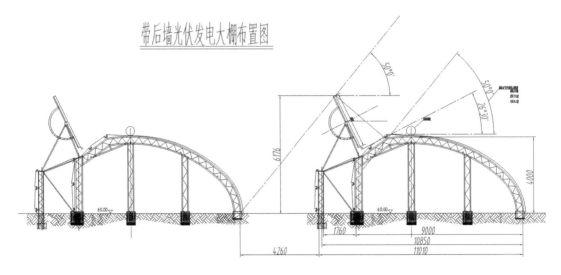

第四节

双层大棚
相比厚棉被
的较量

双层大棚是许多从事大棚建设的人都在苦苦追寻着的梦想。希望有一天能建成一座有较好保温性能又不使用棉被的理想大棚。这是他们受到双层玻璃窗保温的启示而产生的联想，并为之努力。不断推出各种各样的双层棚膜的大棚。

大家都知道，热量的散失是通过热传递的三种方式即传导、对流、辐射来实现的。抑制这三种方式的任一种，都能够起到一定的保温作用。大棚保温棉被主要就是抑制传导，也抑制部分对流和辐射。

大棚保温棉被经过多年的使用，人们发现它有许多缺点：

（1）运输费很高，由于棉被密度小，体积大，从厂家运输到大棚现场，运费所占比例高，有时要占到棉被售价的 30%。

（2）棉被本身价格就很高，有时要达到每平方米 20 元左右，加上拱面弧线的加长，对于双侧拱面落地的大棚来说，按每平方米的占地面积，棉被的投资几乎占到总材料费的 20%。

（3）卷被机的价格高，目前一台卷被机加卷筒也要几千元，加上电力设施投入，所占比例也不小。

（4）运行维护费用高，事故处理费不可小视（最严重的是棉絮受潮冻冰无法卷起，或停电、设备损坏、限位失灵等）。

（5）棉被排雪自滑力很差，除雪是难题，排雨也不好。

（6）必须有电力设施。费用极高，无电区，望电兴叹。

（7）棉被及设备重量大，一旦雨水从针眼渗入，重量将倍增，这对拱架强度提出更高的要求。

（8）棉被容易生细菌，污染环境。一旦损坏，产生的垃圾难以处理。

总之，从投资来看，棉被产生的总投资有时要占到建设费用的 50% 左右。

不断推出各种各样的中空双层棚膜大棚，就是想绕开这巨大的费用支出和使用上的不便，抛弃厚棉被，去寻求一种更佳的设计方案。

可现实是残酷的，科学容不得半点虚假。中空双层大棚膜只能部分抑制传导和对流，却不能阻止辐射，所以效果远低于棉被。就像暖水瓶瓶胆，一旦漏气或镀银反光层脱落后，虽然还是双层，但保温效果就会大幅降低。

另外，双层大棚膜对于太阳光的入射起到了极其有害遮挡作用。曾有人想通过多层膜来提高棚内温度，理论上的误读必然要导致失败的结果。下图就是四层棚膜的"冰窖"。

看来，白天单层、夜间双层才是我们追求的目标。

目前常用的架空双层塑料膜保温大棚有以下几种。

1. 采用 PC、PE 中空阳光板大棚

这一方案的不足之处是：棚膜接口太多，大量看不见的板间缝隙成为热量散失的出口，忽略了密闭是保温的先决条件。

2. 充气式塑料大棚

这一方案的不足之处是：中间有流动的空气层，忽略了只有静止的空气才有保温性这一基本原理。在热学上是个笑话。

3. 棚内采用内部高透明膜吊顶，形成双层膜结构

这种方案可提高棚温 3~5℃，保温效果有限。这种吊顶法，要求大棚两端 1m 处，还要制作内架子，方能形成全封闭的双层膜结构。其缺点是内膜很快就被拱架上滴下的铁锈水污染或形成水兜。看来只有双层骨架才能真正解决问题。

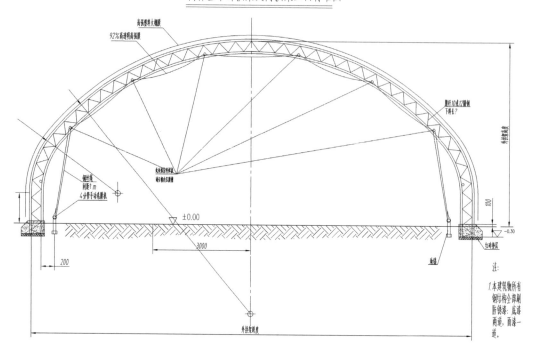

内保温中部拱架及内拱架立面标准图

4. 双层骨架，棚内搭设"中棚"

这种方案是最廉价、最便于操作、最巧妙的办法。

参照方案四，大棚两端为中空双膜，拱面上加盖保温遮阳银蓝膜，温度低时，白天手动卷起，晚上放下。在大棚内再搭建"中棚"，几何尺寸最小为 2.5m（跨度）×1.8m（株距）×2m（净高），农民在其中可耕作自如。"中棚"可纵向多排放置。"中棚"上覆盖透光率大于 90%、厚度为 4 丝的 PO 膜。

这种方法有效提高了棚内局部区域的温度。在我国东北地区，凌晨棚内温度可达到 0℃左右。如果在"中棚"上再覆盖反光轻质薄保温被，效果会更好。

"中棚"采用折叠式简易帐篷骨架。内膜（或轻质薄保温被）白天也要将朝阳面撩起，使土地、植被充分日晒，晚间全覆盖落下。考虑到"中棚"使用时段为全年最冷的天气，作为育苗育秧使用最为合理，待到天气转暖，便可拆除收起来。外部大棚拱架便可下垂吊绳，供蔬菜生藤爬蔓。

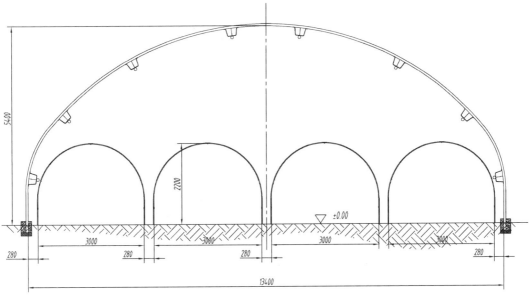

5. 双层骨架，大棚内搭设"内棚"

该方案中，外棚与上述 4 相同，只是"内棚"比上述的"中棚"大许多，而且只盖一个，"内棚"就是用镀锌钢管做骨架的装配式简易型大棚，上面覆盖透光率大于 90%、厚度为 4~6 丝的 PO 膜。PO 膜上覆盖反光轻质薄保温被。白天用手摇卷膜机将薄棉被卷起，晚上放下。由于轻质薄保温被处在无风、无雨雪的稳定环境，保温效果比放在棚外要好得多。在我国东北地区，凌晨"内棚"温度能维持到 10℃左右。

　　以上 4、5 介绍的"棚中棚"方案的基本思路是：寻找北方冬季的天然"热源"。这是冬季自然界提供给大棚的唯一能量，如何最大限度地收集，如何最有效地保存这些能量，才是我们的选择。其实，天然"热源"只有两个：一是每日升起的太阳，二是夏秋季大量储存在棚内土壤中尚未散尽的地热能（在后面的章节中还要讲）。

　　首先，"棚中棚"明确了我们到底是希望保住整个大棚的温度还是只保住内棚局部的温度，答案很明显，是后者。局部体积越小，就越容易保温，就像你睡觉时会将棉被盖在身上，而不是将棉被盖在屋顶一样。另外，这种方法并不是说对外棚就不做保温了，而是将传统外部的厚棉被换成一层银蓝保温膜，既方便了手动升降，又减少了辐射产生的热损。

　　其次，采用内棚加薄保温被要比棚外加厚保温被效果好。其原理是：棚外环境差，由于有风，对流散热十分明显，且伴随传导，所以棚外必须加盖厚重的保温被，以防止保温被抖动。而棚内空气静止，对流和传导明显减弱，选择重量很轻并带有反射效果的保温被，将辐射散热限制到最低范围，就能起到良好的保温效果。保温被白天卷起，最大限度地收集太阳能；晚上放下，最大限度地保留棚内土壤中的地热能和白天晒进来的热量，使其慢慢释放。两项天然"热源"就这样被我们充分利用并保存下来。

　　由于取消了厚棉被，卷被机也由电动厚被卷帘机换成了手动或电动卷膜器，仅这一项就能省下大量投入。另外，大棚杆件断面减小、间距加大，地锚、压膜绳也减少，足以支付内棚的支出；维护费、运行费也会降低，或许温度还会提高。

　　近年来，随着椭圆管等异形截面钢管的弯曲设备的发展，全装配式双层棚成为目前新型保温大棚的主流方向。其中常见的有三种形式：

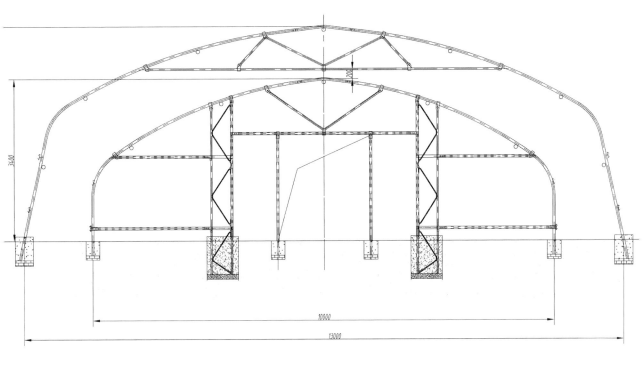

形式一：拱棚套拱棚

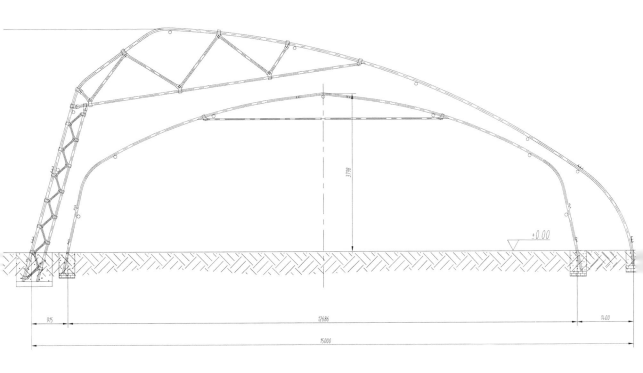

形式二：半拱棚套拱棚

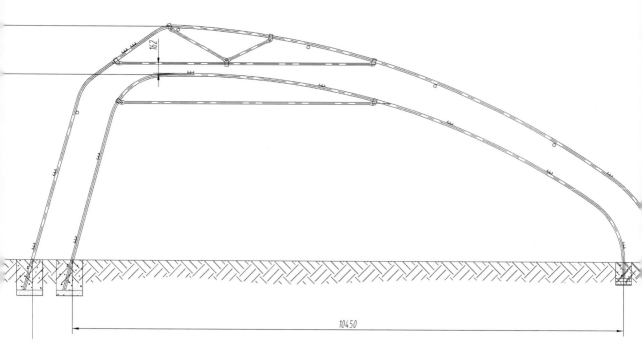

162

10450

形式三：半拱棚套半拱棚

双层大棚是否能降低建设成本？结论是肯定的。但这要有科学的认识和严谨的设计、预算对比，并通过实践去检验。我期盼着这一天的到来。

第五节

降低棚内

湿度及温度

的措施

一、降低棚内湿度

（1）增加棚内温度，湿度就会降下来。有许多人不理解这一点。其实看看中学物理课中的"相对湿度"的原理和饱和水蒸气浓度就理解了。

（2）当棚外湿度小，且温度不是很低的时候，降低湿度的最好方法是加强通风。蒸发三定律中就有"对流可加快物体表面水分的蒸发"。

（3）降低湿度还有一个方法就是将同等跨度的大棚设计得高大一些，同等的土地面积蒸发量是一样的，体积扩大，空气中的湿度就减小了。

（4）设备除湿。目前，大棚用烘干除湿设备种类很多。

二、降低棚内温度的途径

降低棚内温度的途径有三种：

1. 自然通风

（1）底部通风。

（2）中部通风。

（3）天窗。

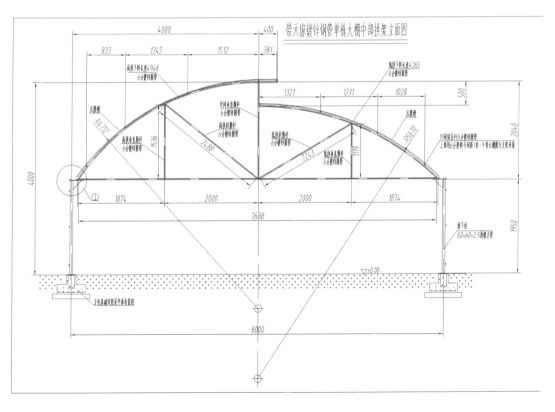

2. 遮阳

（1）用遮阳网。外遮阳要好于室内遮阳，遮阳的目的是降温，为了达到这一目的，当然是希望将产生热量的强光挡在大棚外面，而不是将热量吸到棚内再进行降温。

（2）覆盖银蓝保温膜（夏季遮阳，冬季保温）。

3. 上降温设备

（1）引风机。

（2）湿帘。

（3）棚内雾气喷淋降温。

（4）棚外顶部雾状喷淋。

外喷淋的目标是全棚外遮阳网上均匀粘满水珠。放在顶部的喷头不可能完全正对上方，必然有喷不到的死角，影响蒸发降温效果。所以从两边向中间斜上方喷，效果才好。

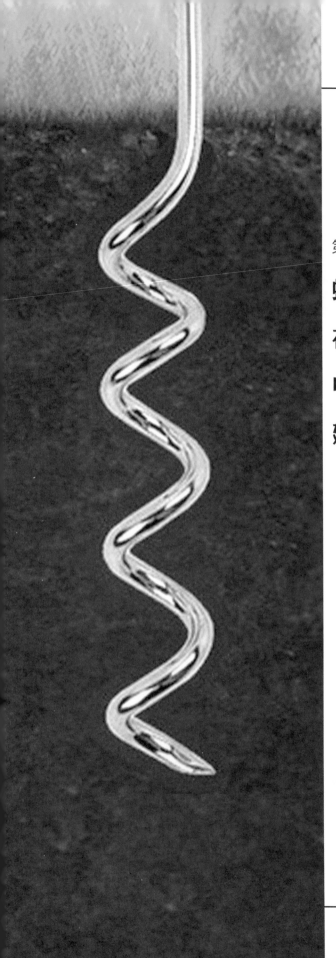

第六节

螺旋地锚
在塑料大棚
中使用将降低
建设成本

首先要从概念上搞清锚和桩的区别。因为在工程实践中，经常将这两个概念混淆，张冠李戴，未能物尽其用，从而造成浪费，甚至产生安全隐患。

锚一般指船锚，是锚泊设备的主要部件。铁制的停船器具，用铁链连在船上，抛在水底或岸上，埋（沉）入土中，与土抓牢，防止拔出，锚周围的土基本未被扰动，可以使船停稳。可见"锚"的受力，主要是承受向上的拉力。

而"桩"是设置于土中的竖直构件，其作用在于穿越软弱的土层，将桩所承受的荷载传递到下部更密实或周边被挤密的持力土层上，在成桩过程中，桩周围的土仅受到轻微的扰动，土的原状结构和土工性质没有明显变化。这类桩主要有打（拧）入式预制桩。可见桩的受力，主要是承受向下的压力。

一、螺旋地锚在塑料大棚压膜线（绳）地锚上的使用

很少有人对大棚各部位的构件，在不同荷载作用下的受力进行过认真分析。也就造成在大棚设计中，常等同于一般轻钢结构房屋设计的方法。下图就是典型的轻钢结构房屋设计的大棚，该大棚有明显的强基础、弱大棚之嫌，我不赞同。我还是支持日本人设计中贯彻的"等强原理"。节约一切不必要的开支来降低成本。大棚不是百年大计，实用、经济才是大棚设计中最重要的准则。

其实，使用中的大棚，主要承受的力与一般轻钢结构房屋有明显的不同。塑料大棚属大型柔性膜结构，其承受的主要荷载有以下三个：

（1）垂直向下的自重恒荷载。

（2）垂直向下的雪、雨、雹活荷载（1、2两项荷载较轻钢结构房屋的荷载要小得多）。只要骨架强度、稳定性足够，即使基础较弱，也不会造成结构上的过大损坏。

（3）狂风情况下，由于棚膜上下两侧、棚内棚外空气流速差距极大（棚内为零），且大棚膜表面积很大，产生巨大的升力荷载（较轻钢结构房屋的荷载要大得多）。此时，大棚压膜线及其拴压膜线的两侧地锚，就成了大棚的主要受力构件。站在棚内仔细观察可以发现：棚外狂风大作，棚膜腾空而起（棚顶膜与拱架脱离），平时较松弛的压膜线被上升的棚膜向上兜起绷紧。压膜线两端紧紧地拴在大棚两侧地锚拴环之上，处于绷紧状态。就这样，风能大量通过地锚传入大地而被消耗掉。

在大棚建设成本中可不能小看这一根根的地锚。它数量大，土方量大，工期长，人工费高，质量要求高（遇到大风，一旦压膜线崩断或地锚从土中拔出，后果都十分严重）。可见，大棚压膜线（绳）地锚的设计是件必须引起足够重视的工作。

目前，工地上采用的地锚形式多样，构件种类繁多，这里不做过多的评说，泛泛地指出存在的问题：造价高，工序多，雨季施工难度大，构件质量不均匀，焊点防锈蚀难度大，寿命短等。

我设计了一种"螺旋地锚"，经过几年的不懈努力，初步试验成功。这得益于红酒木塞起瓶器的启示。螺旋地锚的功能要求就是要有强大的抗拔出能力。其工作原理就是：在拧入土层全过程中尽量避免对原状土的扰动，整个螺旋拧入地下的运动轨迹就是尖部刃点的轨迹，土的原状结构和土工性质没有明显破坏，就如红酒木塞不能粉碎，也如同一颗原生的大树要比移栽过来的新树具有更强大的抗拔能力一样。表层土还要求局部夯实。

"螺旋地锚"作为大棚的配件之一，同时要具备批量、标准化生产，可长可短，耐锈蚀，易拧入，受力均衡、造价低廉，施工方法简便，能手动亦或机械化施工等要求。

螺旋地锚及其拧进装置

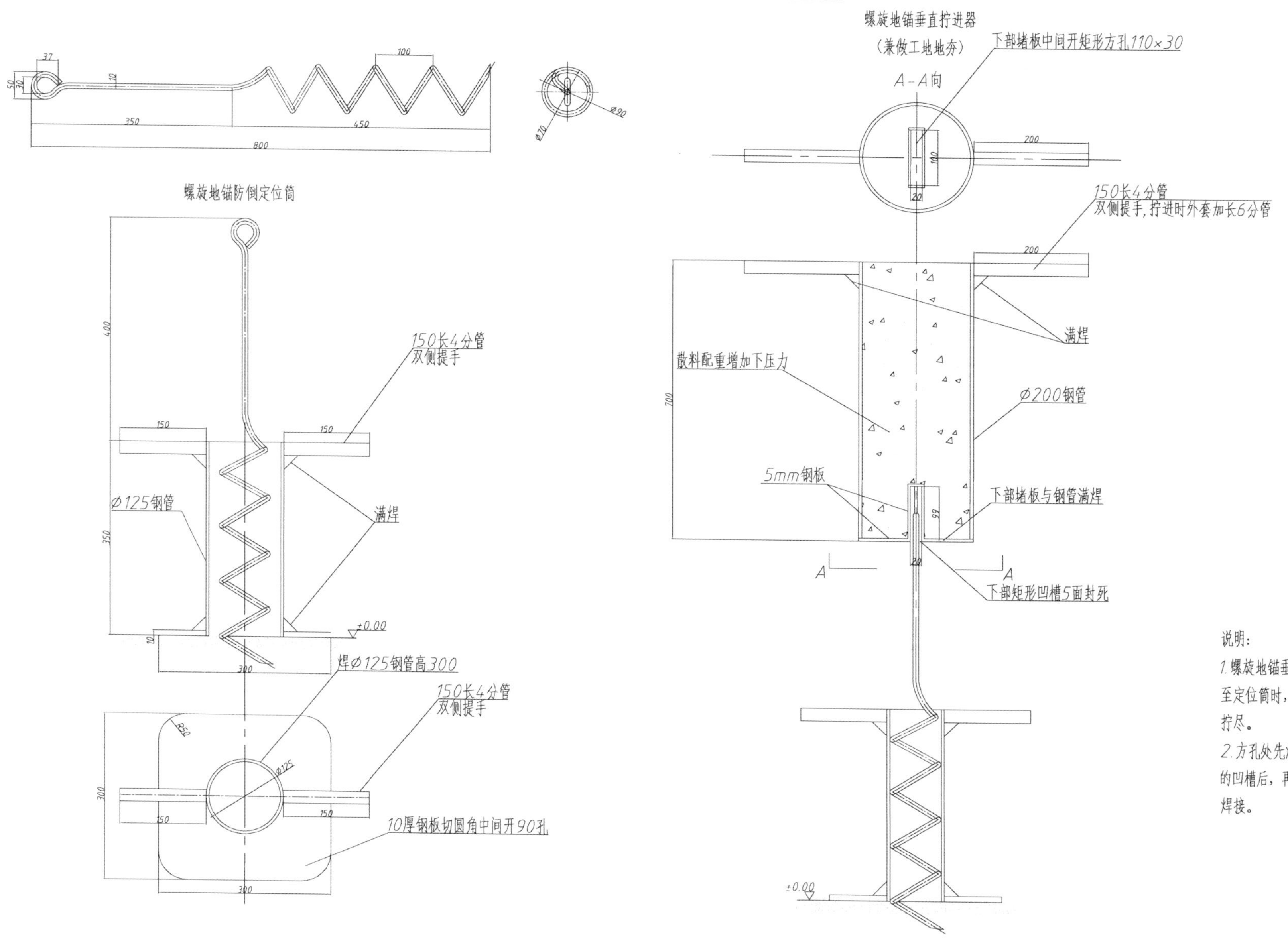

37
50
30
10
100
350
450
800
⌀70
⌀90
螺旋地锚防倒定位筒
400
350
150
150
150长4分管
双侧提手
⌀125钢管
满焊
±0.00
10
300
焊⌀125钢管高300
150长4分管
双侧提手
R50
⌀125
300
150
150
10厚钢板切圆角中间开90孔
300
螺旋地锚垂直拧进器
（兼做工地地夯）
下部堵板中间开矩形方孔110×30
A-A向
200
100
20
150长4分管
双侧提手，拧进时外套加长6分管
200
满焊
散料配重增加下压力
⌀200钢管
700
5mm钢板
下部堵板与钢管满焊
66
20
A
A
下部矩形凹槽5面封死
±0.00

说明：

1. 螺旋地锚垂直拧进器，拧至定位筒时，去掉筒继续拧尽。
2. 方孔处先焊好5面封死的凹槽后，再与200钢管焊接。

单根螺旋地锚抗拔试验有时，要求达到 500kg 以上。

当现场土层为耕地时，注意先要对松土进行碾压夯实，并做抗拔试验，以确保安全。考虑到目前尚属试用阶段，还要采取以下加固"螺旋地锚"的措施，就是用一根与大棚等长的 1 寸（d =32mm）钢管，穿入大棚一侧的全部螺旋地锚上部拧环中，并与其焊牢。这样一来，万一某根地锚失效，临近地锚将"拔刀相助"。

使用螺旋地锚要注意四点：一是总长度为 600~800mm；二是钢筋直径 12mm；三是油漆要厚；四是地锚上拧环要深入地下 100mm(以防水平碰撞)，要夯实锚周边的土壤。

由于各地土质差异很大，地锚选择要慎重，原状土可用拧进式螺旋地锚，并要做多组抗拔出试验。松软土就只能用传统的方法了。地锚位置一般在两拱架之间中点向外侧 20~30cm。

新型大棚
在实践中的
温度测试及
效果论证

2015 年，黑龙江省佳木斯市玉龙泰棚业有限公司的一位大棚探讨者刘荣彪在我国最北面边陲地区，用我的设计理念和设计图纸建成了一座温室大棚，并进行了认真的温度测试，取得了一批非常宝贵的第一手现场资料。先请看有关图纸及照片：

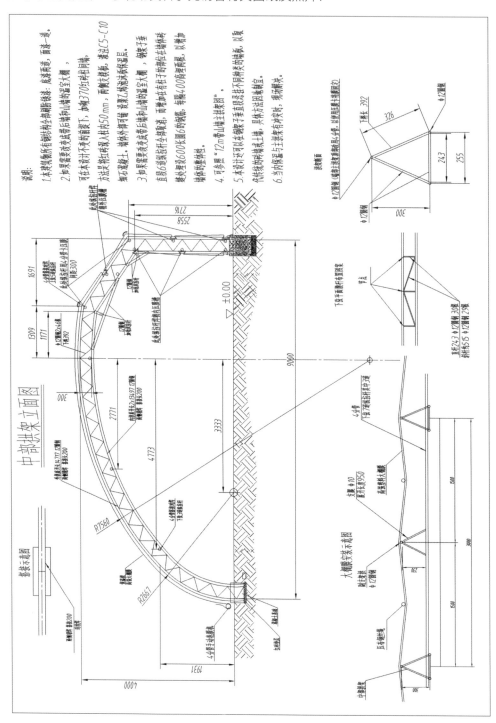

这座大棚图纸名称为"9m 跨带一侧 2.5m 垂直段内外保温温室大棚 2013 型",属于框架结构,图纸中建议不做砖、土后墙和侧墙,不做顶部后侧刚性斜坡。全部由塑料膜、棉被包裹,棚内做薄膜内吊顶。这些与我前几节所提倡的思路是一致的。

其骨架选择空间桁架结构,棉被选用较厚、防水、耐久喷胶棉保温被,外黑内银色,每平方米 900g。卷被选择普通安全型卷帘机,使用的是 7.5mm×2.5mm 的镀锌管卷筒。后部垂直柱和抗风柱下面采用混凝土基础,夏季,后部垂直段棉被可适当撑起,以便通风降温。

这是一座完全用钢框架和柔性材料包裹建成的温室。那么,比起砖混结构的传统温室到底有什么明显区别呢?这些都需要用数据来说明。

造价明显降低是毋庸置疑的,取消了砖混结构,投资自然会大幅度降下来。施工前的预算就很明确了。这里我不做详尽的比较。

温度效果才是我们最关心的。是否能达到像我在本章第一节的最终结论:只要我们能用棉被将冷棚盖严,棚内的温度与带后墙并盖同样厚度棉被的温室是一样的。

2015 年 1 月 23 日至 1 月 28 日,进行了 5 天连续的温度、湿度测试。每半小时采集一次,分别对大棚两端部、中部、室外和室内进行测试,并做了详细记录。大棚所在位置在黑龙江省佳木斯市：东经 132.52°，北纬 47.65°。

要告诉大家最终效果是：该温室的温度效果完全达到了北纬 44°左右地区的普通砖混结构的传统温室的温度效果，即在没有任何加温措施的情况下，室外温度最低为 -30~-20℃。太阳出来就开始升温了，晴朗天气，最高可达 30℃ 左右。夜间 11：00，又降到 15℃ 左右了。经过一夜后，最低温度在凌晨，还能维持到 7℃ 左右。

由于测试记录文件数据太多，这里就不展示了。但有关这些数据，除了证明实验棚已获得成功外，还给我们提出了许多需要解答的疑点。下面将这些疑点及其解释逐条论证，供大家参考。

共分六个问题：

（1）不论晴天还是阴天、白天，虽然棚内温度有较大区别，但到了凌晨，温度都是维持在 7℃ 左右。岂不是说日照不起决定作用了吗？

答：这里要引进一个物质热容量的概念，简称比热或比热容，亦称比热容量，是热力学中常用的一个物理量，表示物体吸热或散热能力。比热容越大，物体的吸热或散热能力越强。它指单位质量的某种物质升高或下降单位温度所吸收或放出的热量。其国际单位制中的单位是焦耳每千克开尔文 [J/(kg·K)]，即令 1kg 的物质的温度上升 1K 所需的能量。在大棚内的物质，就质量来说，1m 以内土壤的质量是远大于种、养物的质量，更远大于棚内空气的质量（可能是上千倍）。

比热容越大，温度每升高 1℃，该物质便需要更多热量。以水和油为例，水和油的比热容约分别为 4 200 J/(kg·K) 和 2 000 J/(kg·K)，即在水、油温度和质量相同的条件下，把它们加热到相同温度，水需要的热量要比油多出约 1 倍。反之，若以相同的热量分别把相同质量的水和油加热的话，油的温升将比水的温升高约 1 倍。

如果将油换成棚内空气，将水换成棚内含水率较高的土壤，再换算成同质量，我们会发现，棚内的地表 1m 内厚的土壤比棚内全部空气的比热容要大得多。大棚内从太阳吸取来的热量主要储存在土壤中，只有少量储存在空气里（别看白天空气温度明显高于土壤）。这说明：地表 1m 厚的土壤在大棚的温度恒定上起到了决定性的作用。

现在来回答本题的所问。首先要强调是，日照是无采暖大棚的唯一补充热量来源，对棚内温度起到补充作用。晴天，卷起棉被，太阳能摄入较多，棚内空气温度明显高于阴天，传导到土壤的热量也高于阴天。但相对于土壤中原本有已储存的总热量来说只能说略多一点，对土壤温升有限。遇到阴天，由于以往晴天储备在土壤中的热量尚未散尽，到了后半夜，还照样可对降温速度较快的空气温度进行补充，直至两种介质温度完全达成一致。可见，由于储备大量热量的土壤在大棚的温度恒定上起到了决定性的作用，所以短期的晴天还是阴天对棚内凌晨温度影响不大。但白天棚内空气温度区别还是比较明显的，而白天棚内较高的空气温度正是动植物生长的关键条件，比如白天棚内温度如果达到了 25℃ 左右就代表棚内接收到了足够的光照度，即使夜间降到 10℃，一般植物都可以茁壮成长。目前，我们所遇到的最棘手的问题正是，如何将棚内凌晨 7℃ 温度提高到 10℃ 以上。我将用其他方法予以解决。（详见第一章方案十）

（2）*春节期间，晴，连续 4 天白天没有卷起保温被，为什么棚内温度白天仍会升高，最高达到 15℃ 左右，而凌晨还能维持到 4~7℃，降温速度也不十分明显？*

答：可以确定的是，大棚整体的保温效果是不错的，大棚被覆盖得严密且匀匀，其保温效果已完全达到和超过带后墙侧墙并盖同样厚度棉被的温室。

棚内温度白天仍会上升是因为使用的是黑色的棉被，而黑色最易吸收太阳能。在阳光照射下，棉被升温，一部分传导至棚内，从而提高了棚内温度。这里特别要注意的是，棚内土壤的温度白天也得到一定程度的提高（比如土壤温度提高了 1℃，这部分热量加上以往储存在土壤中的热量为维持的棚内温度起到了补充作用）。但这种连续 4 天白天不卷保温被的做法，不值得提倡，土壤储存的热能得不到补充，棚内温度还是要逐天降低的，只是幅度不很大而已，比如此次测试的凌晨温度就从 7℃、6℃、5℃ 最终降到 4℃。而这种降温是致命性的，要想恢复到 7℃ 需要很长的时间，且植物根部是吸收养分的器官，温度低了，功能将会下降。我曾走访过江苏一个火龙果冬季种植大棚，种在地面以上花盆里的火龙果全部冻死，可种在土地中的却生机盎然。

（3）棚外气温变化大，棚内凌晨温度变化不大。外面 −30℃ 和外面 −15℃ 的不同天气，白天均是晴天，为什么棚内过夜后最低温度都是 7℃ 左右？难道室外温度影响不大吗？

答：我先讲讲热传递方式——传导、对流、辐射。

热从温度高的物体传到温度低的物体，或者从物体的高温部分传到低温部分，这种现象称为热传递。热传递是自然界普遍存在的一种自然现象。只要物体之间或同一物体的不同部分之间存在温度差，就会有热传递现象发生，并且将一直持续到温度相同的时候为止。发生热传递的唯一条件是存在温度差，与物体的状态，物体间是否接触关系不大。热传递的结果是温差消失，即发生热传递的物体间或物体的不同部分达到相同的温度。

在热传递过程中，物质并未发生迁移，只是高温物体放出热量，温度降低，内能减少（确切地说，是物体里的分子做无规则运动的平均动能减小），低温物体吸收热量，温度升高，内能增加。因此，热传递的实质就是内能从高温物体向低温物体转移的过程，这是能量转移的一种方式。热传递只有三种方式：传导、对流和辐射。

大家都知道，北方地区白天的室外气温往往在零下或 0℃ 左右。大棚内的热量不可能靠棚外空气的对流和传导来提供。真正来源主要是白天太阳通过辐射将热量传递给大棚内的空气、动植物和土壤。而太阳辐射量与室外气温关系不大，主要取决光照度（晴天还是阴天）。由于温室效应的作用，辐射进来的太阳热能被较好地保存在大棚内，一部分储存在空气、动植物中，但绝大多数储存到土壤之中。结合上两题中的答案，就不难解释外面 −30℃ 和外面 −15℃ 的不同天气，只要是晴天，除棚内白天温差不算太大外，过夜后最低温度更是接近，都是 7℃ 左右了。

（4）从太阳落山到第二天凌晨，棚内温降速度由快变慢。下午太阳落山前，降温很快，必须尽早在棚内温度开始下降时就要盖上棉被。天黑后，棚内测温结果显示：开始降温速度较快，平均每小时降 2℃ 以上，到 11：00 测温，就降到 15℃。而后面的时间里，降温速度逐渐减慢，平均每小时降 1℃ 左右。到凌晨的 4 点后，每小时只降 0.1~0.3℃ 了，最终稳定到 7℃，直至太阳升起。这是为什么？

答：前面讲到比热容，表示物体吸热或散热能力。比热容越大，物体的吸热或散热能力越强。如果换算成质量来计算比热容，空气很小，动植物中等，而土壤远远大于空气和动植物。热传递的实质就是内能从高温物体向低温物体转移的过程，开始测温时，空气温度最高，动植物温度次之，土壤温度最低。此时棚外气温大大低于棚内空气温度。一开始，向棚外散失的热量主要来源于棚内的热空气，而空气的比热容很小，所以棚内空气温度降低速度较快。当棚内空气温度达到动植物温度，此时向棚外散失热量的主体是动植物，由于其比热容较大，降温速度有所减缓。当棚内空气温度降到与植物表面温度一样时，比热容最大的土壤开始承担向棚外散失热量的主体，而土壤的散热能力最强。同时，空气、动植物还能起到阻挡热量散失的作用，所以棚内空气温度降低速度变慢。直至太阳升起。这也是我在上一节中提倡"棚中棚"的原因，如果有"棚中棚"，则大棚内的空气又被分成两个温度梯度，加起来就是四个梯度，逐步降温，便可延长降温时间，熬过长夜。

（5）热风炉升温很快，降温也很快。我买了一个燃油热风炉做试验，结果是成本高，每小时加热费用 20 元，提高棚温约 8℃，但是升高的温度在很短时内就又降下来了。难道说热风炉不适合大棚采暖吗？

答：热风炉向棚内加热，升温最快的是空气，而空气的比热容很小，所以棚内空气温度升降速度较快，降温也很快，这是正常现象。热风炉在大棚设计中的定位：不是在整个冬季每天长时间开启的供暖设备，这与家庭采暖有本质的不同，也与大棚内锅炉采暖不同。热风炉是极寒天气和短时段内的补充热源。当大棚内凌晨温度低于 10℃ 时才开启。一般每天凌晨 4:00 开，最多开 1~2h（可维持 2h 的温度），且持续天数不多，1~2 个月。另外，目前的热风炉都是可自动定时开关，可用移动式的小型设备，几个棚子共用一台，错时段轮番使用，以便降低一次性投资。还有，送热风管道应放在阳面拱脚处，通长设置，1m 钻一个出风孔，孔要从小到大，排风才能保证均匀。送热风还能防止棚膜结露，加快水珠消散，增加太阳光的射入量。

（6）跨度 9m 带后立柱的日光温室与跨度 12m 的拱棚，用同样的保温被包裹。

经测温，早上最低温度不同，这是为什么？在建设这个9m跨度，最高点4m日光温室的同时，我们还建设了一座拱棚，跨度12m，最高点4m。都是东西走向。用的是同样的保温被包裹。经测温，早上最低温度，日光温室为7℃，而拱棚为3℃。这是为什么？

答：两种棚温差4℃的原因，是两个大棚所罩面积不同。而阳光的有效的照射面积却相同，摄入的总热量一样。

由于加热的空气体积、土地体积不同，有可能棚内的植被体积也不同。根据比热容原理，两棚同物质比较，其升温速度和升温高度也就不同，体积越大，升温越低。所以冬季要在大棚横向2/3处用1~2层垂直反光膜将大棚沿纵向分隔成阴阳两个空间，朝阳的一间进深8~9m（以12m跨为例），为种植区；朝北的一间进深4m，为中空隔热区，不种植。这就满足我们所设定的前提：一定是同样的土地面积，同样的高度。如果保温被厚度一样，日光温室与拱棚的温度是差不多的。

从本节可以看出，大棚的冬季生产就是利用夏秋积蓄在大棚内土壤中的太阳能加上每天新射入的太阳能开展生产。所以，选择耐寒作物，是降低能耗的最有效的方法。这一理念叫适应环境，而不是什么战天斗地。反之，凡是采用加热设备来生产的，生产的产品一定是选择销售价格高的，才有钱可挣。

结论是：温室大棚的冬季热量来源要以太阳能为主；热风炉只是极寒天气和短时段内的补充热源，而不是持续供暖设备；太阳能的储存主要是棚内土壤和植被，而非后墙；棉被是目前最有效的保温材料，完全可以取代砖墙或土墙，这是对传统温室的一场革命。

附录 2

装配式
拱棚设计
计算书

一、设计信息

该大棚膜结构采用钢管、钢筋、膜材、抗风绳等，钢管钢材采用 Q235，钢筋采用 HPB300，膜材与抗风绳不在本次验算范围。

大棚拟建地区为内蒙古包头市，50 年一遇基本风压 w_0=0.55kN/m^2，50 年一遇基本雪压 s_0=0.25kN/m^2。

钢结构部分受力形式为钢管拱架，分为中部拱架、端部拱架与纵拉杆。中部拱架间距按 1 000mm 设计，详细信息详见结构设计图。

二、中部拱架验算

1. 构件截面

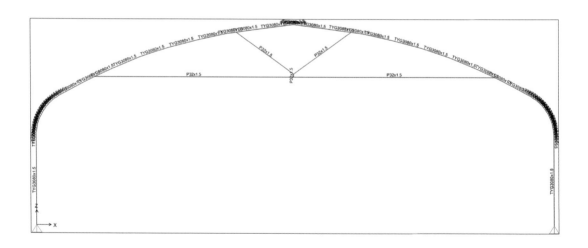

截面编号	截面尺寸（mm）	说明
TYG3080x1.5	H =80，B =30，t =1.5	平椭圆管详见《冷拔异型钢管》（GB/T 3094 — 2012）
P32x1.5	D =32，t =1.5	圆钢管

2. 荷载简图

荷载取值参考《建筑结构荷载规范》（GB 50009 — 2012）。

雪荷载标准值： $s_k = \mu_r\, s_0$

其中屋面积雪分布系数： $\mu_r = 1.0$

雪荷载简图如下：

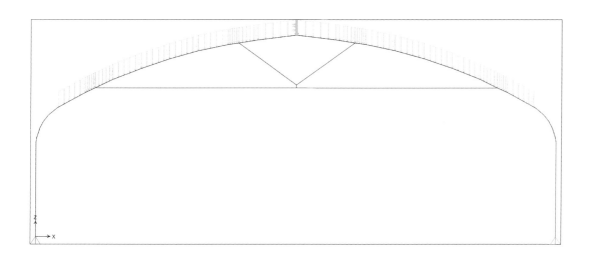

风荷载标准值： $w_k = \beta_z\, \mu_s\, \mu_z\, w_0$

其中风振系数： $\beta_z = 1.0$

体型系数： μ_s 按部位不同分别取 0.8、0.1、-0.8、-0.5。

高度变化系数： $\mu_z = 1.09$

由于膜材采用抗风绳固定，膜与拱架无约束关系，因此拱架验算时风荷载不考虑风吸力。风荷载简图如下：

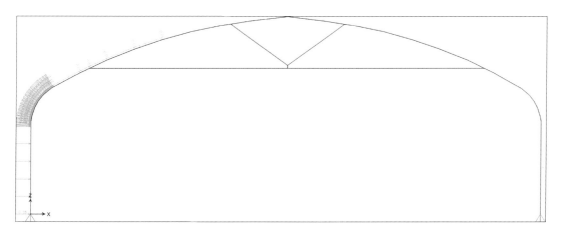

3. 结构内力

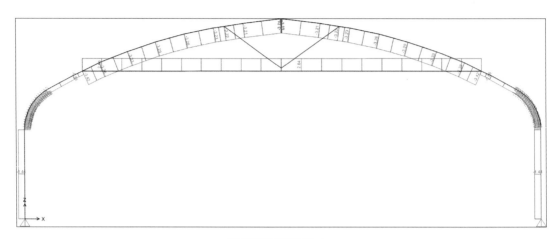

雪荷载作用下轴力

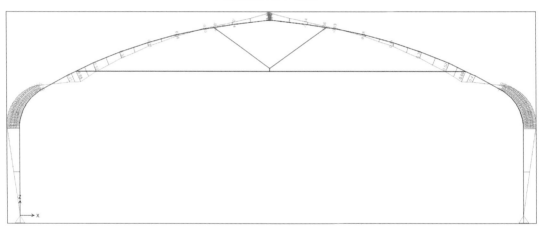

雪荷载作用下弯矩

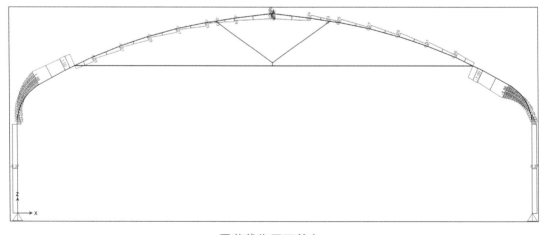

雪荷载作用下剪力

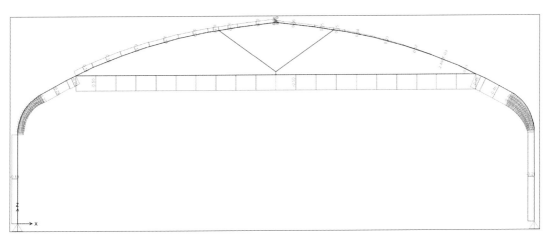

风荷载作用下轴力

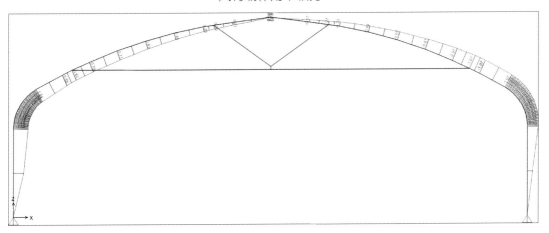

风荷载作用下弯矩

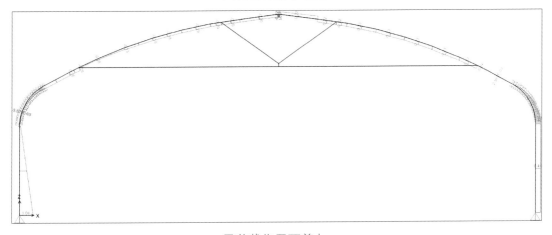

风荷载作用下剪力

4. 构件验算

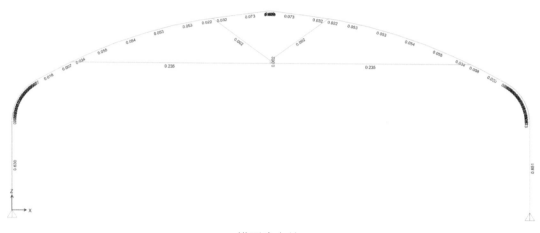

模型应力比

由于模型中的椭圆管截面采用等刚度代换,因此椭圆管的应力比计算由模型中提取控制工况内力,并另行验算,验算结果如下表所示。

参数	左侧柱	左侧肩部	跨中	右侧肩部	右侧柱
轴力 N(kN)	0.58	2.56	5.76	2.87	2.21
弯矩 M(kN·m)	1.549	0.224	0.694	2.129	2.167
剪力 V(kN)	0.06	0.73	0.52	0.48	1.08
控制工况	$D+1.5w$	$1.3D+1.5s+0.9w$	$1.3D+1.5s$	$1.3D+1.5s+0.9w$	$1.3D+1.05s+1.5w$
轴弯应力比	1.077	0.184	0.546	1.504	1.523
剪切应力比	0.001	0.015	0.011	0.010	0.022

由表中轴弯应力比可见，拱架椭圆管左侧柱、右侧肩部、右侧柱应力比大于1.0，需加强。由《冷拔异型钢管》（GB/T 3094—2012）截面表可知，该部位椭圆管壁厚增大至2.5mm即可，替换后最大应力比约为0.956。

或者采用如下图所示加强方案，于两侧肩部设置撑杆，加强后验算结果如下表所示，拱架采用原截面即可满足强度要求。

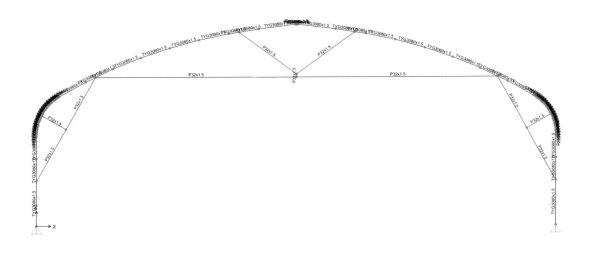

参数	左侧柱	左侧肩部	跨中	右侧肩部	右侧柱
轴力 N（kN）	3.28	3.56	4.54	2.61	2.8
弯矩 M（kN·m）	1.132	0.324	0.339	0.392	1.32
剪力 V（kN）	0.77	0.7	0.06	0.35	1.32
控制工况	$D+1.5w$	$D+1.5w$	$1.3D+1.5s$	$1.3D+1.05s+1.5w$	$1.3D+1.5s+0.9w$
轴弯应力比	0.820	0.265	0.287	0.301	0.944
剪切应力比	0.016	0.014	0.001	0.007	0.027

三、端部拱架验算

1. 构件截面

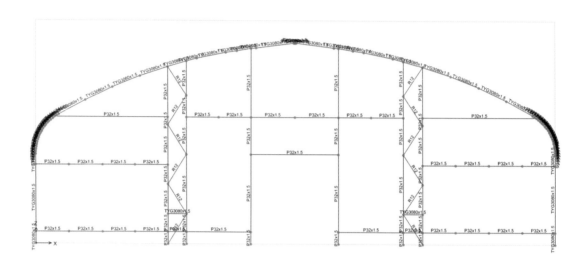

截面编号	截面尺寸（mm）	说明
TYG3080x1.5	$H=80$，$B=30$，$t=1.5$	平椭圆管详见《冷拔异型钢管》（GB/T 3094—2012）
P32x1.5	$D=32$，$t=1.5$	圆钢管
R12	$D=12$	HPB300 钢筋

端部拱架由 2 道椭圆管拱架、抗风柱、门柱、门梁组成，2 道拱架之间局部通过 HPB300 钢筋拉结，三维模型如下图所示。此处需说明的是，端部拱架与原设计图纸稍有不同，模型中取消了拱顶三道拉杆，并将门柱伸至拱顶，门梁之间采用 HPB300 钢筋拉结，受荷较大的门梁改为桁架，腹杆采用 HPB300 钢筋焊接而成，抗风柱底部增加一圈焊接钢筋以减小柱受压计算长度。

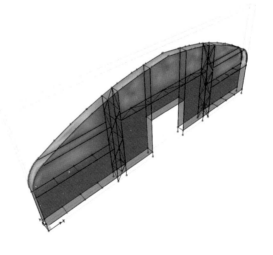

2. 荷载简图

荷载取值参考《建筑结构荷载规范》（GB 50009 — 2012）。

雪荷载标准值：$s_k = \mu_r s_0$

其中屋面积雪分布系数：$\mu_r = 1.0$

雪荷载简图如下图所示。

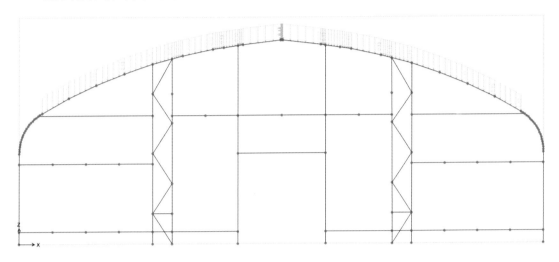

风荷载标准值：$w_k = \beta_z \mu_s \mu_z w_0$

其中风振系数：$\beta_z = 1.0$

体型系数：$\mu_s = 1.0$

高度变化系数：$\mu_z = 1.09$

与中部拱架不同，端部拱架最不利风荷载为垂直作用于外侧膜材上。风荷载简图如下图所示。

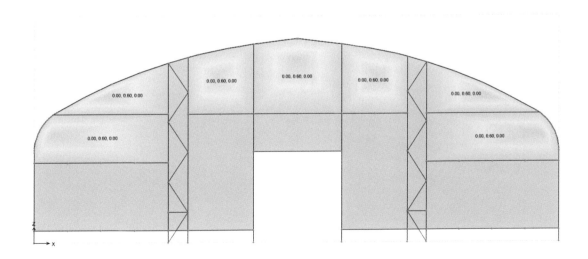

3. 结构内力

由于端部拱架雪荷载作用下内力较小，此处不再显示。

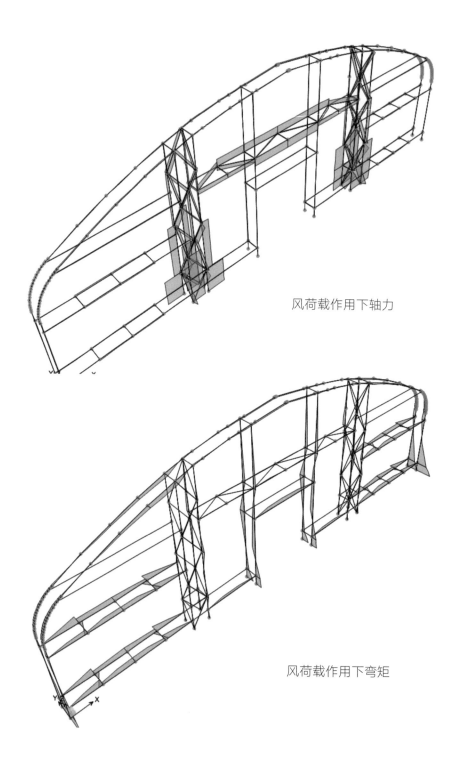

风荷载作用下轴力

风荷载作用下弯矩

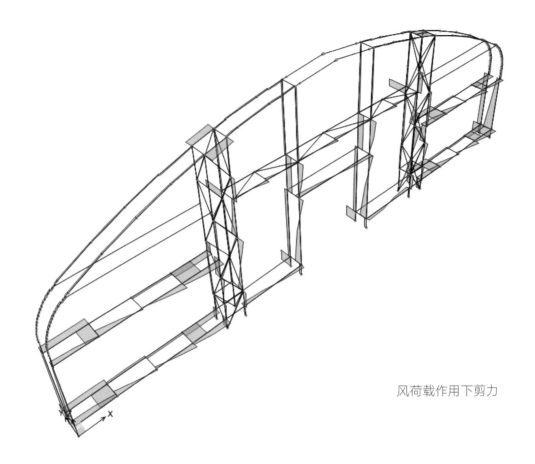

风荷载作用下剪力

4. 构件验算

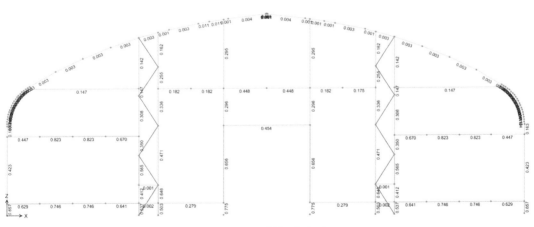

模型外侧拱架应力比

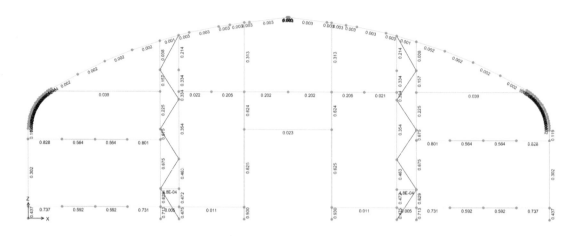

模型内侧拱架应力比

由于模型中的椭圆管截面采用等刚度代换，因此椭圆管的应力比计算由模型中提取控制工况内力，并另行验算，此处仅需对拱架柱底进行验算，验算结果如下表所示。

参数	拱架柱底
轴力 N（kN）	0.16
弯矩 M（kN·m）	0.849
剪力 V（kN）	1.13
控制工况	$1.3D + 1.5w + 1.05s$
轴弯应力比	0.947
剪切应力比	0.023

由验算结果可知,该端部拱架均满足强度要求。

第三章

大棚问答

多年以来，我在与客户和广大读者的交往中，被问过许多有关大棚的各式各样的问题，我都一一记录下来。这些问题绝大多数都有共性。比如，如何使大棚里的冬季温度更高？降低棚内湿度的方法有哪些？降低棚内温度的方法有哪些？大棚建设有几个主要步骤？温室大棚为什么也需要设计？大棚骨架施工有几个主要步骤？大棚膜安装有几个主要步骤？高老师塑料温室大棚与目前传统大棚有何区别，有何特点？等等。为此我编写了本章。以简单明了的提问、开门见山的回答、通俗易懂的文字拉近我与客户在认识上的距离。因为我在与客户交流的过程中发现，理论认识上的一致性，是否相容，是后来能否合作的前提。

一、如何使大棚里冬季温度更高？

答：根据地区和需求的不同，选择以下措施：

（1）从中秋开始就最大限度地保存夏秋季储备在土壤中的大量热能。使其在大棚冬季的温度恒定上起决定性的作用。

（2）太阳辐射是大棚最重要的能量补充来源。要尽可能地增加白天太阳的直接照射。

（3）覆盖保温被。从大棚保温效果上来看，到目前为止，还没有找到比保温被更有效的材料。目前棉被的种类很多，主要有三种：有里有面中间絮状物、毛毡无纺布类和发泡化工类。网上就能查到。

（4）采用双层棚的方法。外棚银蓝保温膜第一道保温，内棚覆盖轻质薄被保温。棚膜的层数越多，摄取的太阳能就越少，白天棚内的温度就越低。我们需要的是，白天单层，晚间双层。这也是双层膜科学设计的关键。

（5）冬季白天，大棚在接受太阳的热量补充的同时，还在不断地向棚外散发着热量，因为北方的白天，棚内温度高于棚外温度。自然界的平衡法则驱使大量棚内热量向外散失。加强非照射部位的覆盖和安排科学的卷帘时段，比如，晚些（9：00以后）卷起帘，早些（16：30）放下卷帘等。还可以加强阴面的保温，如在阴面棚膜上加盖一层"双层加厚银色泡膜"。

（6）配备供暖设备。建议采用可移动式燃油或电热风炉、燃煤锅炉等供暖。值得一提的是，供暖设备只能在自然能源不足时进行补充。如果用来做主要的能源供给，那就本末倒置了，改变了大棚是"太阳房"的基本属性了。

（7）采用土壤电热加温线、地热加温线、大棚地热线等进行能量补充。可网络查询相关技术。我不提倡这种方法。

二、大棚朝向哪个方向更好？保温被卷起多高为宜？

答：大棚朝向的选择是这样的：

如果以冬季收成为主的大棚要尽量选择东西走向，拱面朝南。冬季保温被北向面封闭，向阳面卷起，卷被选择安全型卷帘机。

如果以全年收成为主的大棚，要尽量选择南北走向，拱面上午东晒，下午西晒，从整体来看，可较东西走向棚增加授光总量。但缺点是，到了冬季，保温被要双面卷起，相比之下，操作复杂，棚膜外露过多，会增加大棚白天的散热量。在每年最寒冷的几个月里，收成会低于拱面朝南的棚。但是，待天气转暖后，则收成会明显好于拱面朝南的棚。

随着各类新型的拱棚卷帘（棉被）机的发明，保证了保温被的"能上能下"，可以在任何位置停住，专业术语叫"限位"，使之更安全可靠。

保温被卷起高度，要视不同季节太阳入射角而定，不是越高越好，一般为 3m 左右（不超过拱高的 3/4）。人们有时忽略了白天棉被卷起后，在棚内吸收太阳能的时段，大棚内的热量也同时通过单层处向气温较低的棚外散失。根据太阳入射角等于反射角的原理，卷起太高了（超过拱高的 3/4），由于冬季太阳是斜射，棚顶部的位置吸收进来的太阳能要远远低于因为棚膜外露过多，而增加大棚白天散失的热量。其结果是，保温被卷得越高，棚内温度反而越低。

三、既然土壤在大棚的温度恒定上起到了决定性的作用，如何让土壤的留住更多的热量？

答：通过大棚在实践中的温度测试，效果论证，可得出土壤在大棚的温度恒定上起到了决定性的作用。那么，如何能让土壤能留住更多的热量？

1. 增加白天太阳对地面的照射。方法是：

①选择透光率高的大棚膜。

②双层棚的内膜朝阳侧白天卷起。

③保温被每天要及时卷起，及时落下，以延长日照时间，同时减少白天棚内热量向棚外的散失。

④后墙垂直面（或拱棚阳面向后 2/3 部位）挂银白色反光膜，以便将太阳能尽量反射到前侧的土壤中。

⑤外露土壤上铺设黑色遮阳网。

2. 在大棚外边缘四周埋设聚苯板形成防寒沟，从理论和实践上也是提高棚内土壤温度的有效做法。

3. 还有一种理论：冷棚由于没有墙体在与地面争夺棚内太阳照射进来的热能，可使得地面能够蓄积更多的热量，从而地面的温度比带后墙的要高。但前提是，阴面要盖保温棉被。

四、如何解决大棚膜内侧存在的结霜和防露滴问题？

答：结霜结露的原因是棚内外温差大和棚内湿度高，造成局部饱和水蒸气液化和固化，是无法避免的物理现象。

提高棚内温度是降低湿度最有效的办法（湿度的定义是相对湿度，而没有绝对湿度）。

热风炉向棚内送热风，送风管道应放在阳面拱脚处，通长设置。送热风可加快结霜的融化、水珠消散，恢复棚膜的透光率，增加太阳光的射入量，实现良性循环。

另外加大大棚的拱度是防露滴的重要的方法。拱度大一点，可改善冬季太阳入射角过小的问题，从而提高了太阳能的入射量。拱度大一点还可增加露珠的下滑力，当露珠与棚膜之间的张力小于下滑力时，露水就会顺拱坡滑落到大棚边缘的地面上，而不会垂直滴落下来。

五、目前北方地区采用"内保温被"，有何优势？

答：要先明确两个概念。一是"内保温被"必须覆盖在内棚拱架上方，结构属于双层棚架；二是外层棚上要覆盖带银色内面的遮阳保温膜。

大棚内保温对传统温室保温的一场革命，挑战的是外保温被种种难以忍受的缺陷。（详见第二章第四节"双层大棚相比厚棉被的较量"）

六、降低棚内湿度的途径有哪几种？

答：1. 增加棚内温度。

2. 加强通风。

3. 增加大棚体积。

4. 设备除湿。（详见第二章第五节"降低棚内湿度及温度的措施"）

七、降低棚内温度的途径有哪些？

答：1. 自然通风。

2. 遮阳。

3. 上降温设备。（详见第二章第五节"降低棚内湿度及温度的措施"）

八、能设计出冬暖夏凉的温室吗？

答：这要看"暖"到什么程度，"凉"到什么程度，还要看大棚在什么地方。但有一个法则不能逾越，就是能量守恒定律。我常常对希望不采取任何外部设备就要建一个"恒温的"大棚的人说，如果我真能建一个这样的大棚，那许多煤矿、电厂、锅炉房就可以停业了，人们从楼房里搬出来，住进大棚，这是绝对不可能的。还有一个形象的实例，当你家房间里没有取暖设备，冬季家里温度又很低时，有人给你出主意，叫你加强房间保温，而不是去买一个采暖炉。你能相信吗？

反过来说，只要我们进行科学设计，把握基本的热学理论，适当增加外部设备，对一般的最低需求来说，还是有可能实现的。

九、大棚骨架有哪几种选材？

Q235 镀锌圆钢管、椭圆形钢管、几字形钢管、方管（焊管）和钢筋、复合材料、有机的大棚骨等。（详见第二章第三节"大棚骨架类型的选择"）

十、大棚的方位、外形、跨度、肩高、长度和高度应该如何选择？

大棚的方位、外形、跨度是根据使用需求由使用方提出并与设计方协商一致的。因为使用方有可能没见过那么多种类的大棚，也不知道有规范，所以要与设计方协商。

温室大棚又叫"太阳房"，所以方位的确定重点是选择对太阳能摄入最多的方位。拱棚，冬季使用为主的，采用东西走向，拱面朝南北。如春、夏、秋使用为主的，采用南北走向，拱面朝东西。带后墙的温室一律拱面朝南。

关于跨度，除去玻璃大棚，其他大棚都是有弧形段的大棚，分全拱形和半拱形。对于全拱棚，跨度为 8~13m 的，跨度越大，单位面积造价越低；13~20m（22m 跨的带中间立柱）的，跨度越大，单位面积造价越高。22m 以上的，拱架所用钢管加得很粗，跨度每增加 2m，造价要翻倍。所以目前国内民用单拱大棚，很少有超过 22m 的。其实，工作中需要超过 22m 跨的，一般就选用连拱大棚，比如 12m×3、16m×2 的连拱大棚已十分宽大，价格也适中。

对于带后墙的半拱形温室大棚，跨度在 8~12m 之间的，跨度越大，墙体越厚，单位面积造价越高。如采取带后柱的框架结构，则跨度还可增加。

大棚的肩高和总高度，一般不是由使用方来定，而是由设计方来确定，是设计人员是根据拱度来决定的。主要依据拱壳的力学计算、太阳的入射角、最小的风阻力、冰雹下砸的反射角、大雪的下滑自锁角等来选定的。可以确定，跨度越大高度就越高。为了降低成本，减小风荷载，原则是越低越好。比如，13.4m 跨的大棚，高度最低可做到 3.9m，此时，肩高最低为零。由于大棚的主要外力是风，垂直段高度增加 1m，风荷载会大幅度增加。

拱棚两侧的垂直段（肩高）的选择越低越好，垂直段有以下用途：扩大棚内有效的使用面积；生产工艺需求；在垂直段加设安全网、护栏、门窗、实体墙板等。

关于大棚的长度，一般没有特别的要求。但对于风力较大的地区，为了能减小风阻，必须留出泻风通道，一般长度不要超过 60m。特别对于有台风和旋风发生的地区，泻风通道尤为重要。

十一、大棚建设有哪些主要步骤？

答：详见第四章第一节"椭圆管装配式塑料大棚钢结构制作与安装"。

1. 选准单体大棚的类型（外形、跨度），整体规划（方位、布局），分步实施。

2. 设计详细的施工图纸（作为发包、进料、施工、监理、返工、验收以及售后和维权等的依据）。

3. 编制精准的材料预算。

4. 对于多栋大棚建设，编制详尽的施工组织设计和施工进度计划网络图，自始至终，不断调整。

5. 寻找有能力的施工方。

6. 买合格、足量的材料，进行严格的检验。

7. 认真施工，加强甲方监督（监理）。三个重点：拱架制作、骨架组装和上膜。

8. 认真验收，交付使用。

9. 最忌边设计边施工，无图纸随意施工，不监督，外行管理。

十二、温室大棚为什么也需要设计？

答：大棚就是一个大房子，只有通过建筑专业的技术人员，遵循有关力学、光学、材料学、热学等知识和国家标准、规范开展科学设计，方能合理、合法，并达到预想的结果，实现实用、经济、耐久、美观的目标。这和普通住宅设计是一样的，和目前存在的大量"照猫画虎"工程，有着本质的区别。

我们生活在地球上，面对的是疾风骤雨、大风冰雹、大雪、严寒、酷暑、材料老化等现状（不是灾害）。设计师的职责就是设计出抵御这些现状的建筑施工图纸来。

其实，设计大棚唯一的目的就是，通过各种科学计算，在满足使用要求前提下，最大限度地降低建设成本。

对于风口地区，有时为了使一个"大棚群"整体提高抗风能力，还要减低成本，可以先在主风向前端（如西北两侧）建一段柔性挡风墙。先降低一级风速，营造出一个优于当地原生态的较良好的小环境来，从而对小环境中的大棚，降低设计标准，以减少总投资。

我接触建设大棚的人中，有少量这样的人，他们很有想法，不满足于现有的大棚设计，但又缺乏力学和热学知识，盲目蛮干甚至去做危险性很大的傻事，从而付出了惨痛的代价。还有的人，看了几本有关大棚的书，就以为学会了设计大棚，殊不知隔行如隔山，照猫画虎不可能达到理想的效果。

十三、高老师设计的塑料温室大棚与目前传统大棚，有何特点？

答：对于目前各地非专业设计人员设计的大棚，我还是持肯定态度，毕竟还是下了一番工夫，动了脑筋的，但也存在许多可以改进之处，特别是造价太高，强度不足，耐久性差。我作为专业设计人员有能力提出改进建议，使之更加科学实用。

设计中我本着以下标准要求自己：同等强度，追求造价最低；同等造价，追求材质最优；同等材质，追求跨度最大；同等跨度，追求强度最坚。

下面简述高老师大棚的主要设计思想与特色。

（1）科学设计可以有效降低建设成本。曾经有这样一组调查数据，一套科学的设计图纸能给建设者节约相当于他所支付设计费的几十倍。

（2）适当扩大棚内空间，能提高大棚的各项指标。

（3）选好膜可延长使用寿命。

（4）全拱形双侧落地式大棚（俗称拱棚）最具优势。

（5）增设端部抗风柱，开设门窗，十分必要。

（6）大棚受力拱架与支撑棚膜的副拱架分离可扩大拱架间距。

（7）大棚结构采用钢结构，最经济、合理。

（8）利用棚内边缘土地，增加拱架垂直段。

（9）利用大棚的节能、廉价、大空间等优势扩大使用领域。

（10）在棚内增加棚内伞。可防止露滴和夏季遮阳问题。

（11）提出温、冷两用大棚概念。

（12）采用双层骨架、双层膜、双层保温来提高大棚保温效果。

（13）框架结构与传统带后墙温室结合。

（14）在类型繁多的连栋大棚中提倡"分体连栋式大棚"。

（15）住宅连体大棚。

（16）带保温被的"冷棚"。

（17）大面积池塘冬季保温大棚。

（18）加强大棚遮阳及通风效果。

（19）实用型新专利——柔性挡风墙。

（20）大棚上部安装光伏发电板的两用棚架。

（21）鸟巢温室、穹顶大棚是一种基于仿生学的大跨度结构。

（22）采用空间桁架结构有效增加大棚强度和减少钢材用量。

十四、你设计的塑料温室大棚与目前传统大棚比较，是如何降低建设成本的？

（1）科学设计是有效降低温室大棚建设成本的首要前提。

（2）甲方拥有详尽的施工图纸和施工材料预算是控制大棚建设成本的依据和必要参照标准。甲方没图纸其实就是放任施工单位随便干，拼命地压价不等于真正省了钱。

（3）目前日光传统温室大棚的墙体占温室总投资 60% 左右。改变墙体是降低温室大棚建设成本的主要研究对象。

（4）传统大棚的钢筋混凝土圈梁基础有明显的力学失误，有改进措施。

（5）大棚骨架的选择对大棚降本有重要的作用。比如，减少支架数量可有效降低大棚的建设成本。大棚骨架的材质、高度、跨度也都对单位面积造价带来影响。选择单拱比连拱造价低些。

（6）大棚膜、保温被、遮阳保温膜、大棚门窗以及采暖设备的比对、选择对建设成本有影响。

（7）双层大棚在降低建设成本上能起一定作用。

（8）根据需要从被推荐的十余种温室大棚方案中选择满足需求且相对低廉的种类。前期多用脑，建时少花钱。

（9）选择有经验的施工队伍，加强施工监理，由甲方监督采购原材料等均能对降低建设成本有一定作用。

（10）减少扯皮环节，避免业主面面俱到，事无巨细。将技术性强的工作总包给供料单位，比如，钢拱架制作单位就是现场整体安装大棚骨架的施工单位及其配件提供单位，大棚棉被供应单位就是现场安装大棚棉被的施工单位及其配件提供单位。现场土建单位配合，业主制定标准，现场监督，并积极配合。

（11）对于大型工程，施工工序进度网络图也是十分重要的用工依据，可避免窝工、待料、冬雨季施工等造成的费用。

十五、大棚倒塌的原因

最近，由于我国黄淮流域降雪，造成许多大棚被压垮。我感到十分痛心，在此提醒大家要分析垮塌原因，减少类似情况再次发生。大棚倒塌的原因有以下几种可能：

（1）结构设计整体强度不足或整体稳定性不足。

（2）结构设计局部强度不足或局部稳定性不足。

（3）顶部拱度过扁（高跨比太小）。

（4）压膜线或地锚抗拉强度不足。

（5）端拱架抗水平推力不足，如缺少抗风柱或端部斜支撑。

（6）塑料膜强度不够或没拉紧塑料膜。

（7）施工质量不好。

（8）材料质量不好。

（9）24h内没有及时清雪，降雪超过30年一遇。

十六、螺旋地锚与螺旋地桩的工作原理有何区别？

答：要从概念上搞清"锚"和"桩"的区别。因为在工程实践中，经常将这两个概念混淆，张冠李戴，未能"物尽其用"，从而造成浪费，甚至产生安全隐患。

"锚"主要是承受向上的拉力，而"桩"主要是承受向下的压力。

（详见第二章第六节"螺旋地锚在塑料大棚的使用将降低建设成本和缩短工期"）

十七、如何用雨水来灌溉大棚中的庄稼？

将近20年前，我看到过一篇论文，写的是只要在年降水量达到300mm以上的地区，便可以不需要打井引水，盖个大棚，周边开挖集排水沟，收集降水，再流入棚内已挖好的集水坑蓄水。不但能满足棚内庄稼的用水，还能余出耕种农民的生活用水。

工程的重点是沟、坑位置和坡度，使得落在大棚膜上的雨水直接流入集排水沟，然后从高向低流入集水坑，沟内、坑内铺设防渗膜。由此，可以展望我国西北大片干旱地区农村新的经济增长点。

十八、北方寒冷地区大棚的交工时间最好不要在冬季

在我国北方的大棚建设中，经常会出现这种现象：上半年（一般要到7月）吵方案，跑投

资，忙种田；下边年跑图纸，赶工期，催材料；到了冰天雪地，盖棚膜，交工。这是现状，很难改变。问题在交工后，效果很差，比起当地已有的旧大棚，白天温度偏低，凌晨温度更低，却找不到原因。

其实细想起来，盖膜的时候，大地已经封冻，大块的冻土被包裹到大棚内，就像棉被包裹冰棍。纵然白天有充足的阳光射入。要使如此大面积的冻土融化，可不是一件容易的事。在物理学上，这可是个"吸热反应"，大量的热量没有用来提高棚内温度，而是用来"解冻"。前面已经反复谈到，当地旧大棚中的棚温是由夏秋季储备在土壤中的大量热能释放来起决定性作用的，而每天太阳照射到大棚中的热能只是重要的补充能源。缺少了起决定性作用的能量来源，单凭每日的太阳照射，还要融化冻土，温度状态不佳，也就不难理解了。

解决的方法就是提前购买暖风机，补充所缺热能。反正迟早要有所配备。

十九、你设计的大棚为什么都有"抗风柱"？

国家设计规范要求单层厂房，两端要加设"抗风柱"，这是很有道理的。大棚结构最接近单层厂房。

造成大棚损坏的主要外力是狂风，特别是垂直于大棚两端的风力或旋风。从骨架的受力分析看，两端的端骨架与中部众多骨架相比，当风力垂直作用在端部时，端骨架的受力远远大于中部骨架。有了抗风柱，大棚的整体性得到增强，分担了绝大多数风荷载。另外，有了抗风柱，拱架间距可以加大。整体造价不增反降。（详见第二章第三节"大棚骨架类型的选择"中的"抗风柱的作用不可小视"）

二十、大棚膜的作用，如何在设计上搭配大棚膜？

大棚膜的作用：保温，是由于它的密闭性；节水，是利用它的不透水性；受力，与压膜绳、地锚共同承担主要的风荷载；棚内光线均匀，利用了光线的散色；遮阳，夏天中午过量的光照对生物的危害；防暴雨、冰雹、大雪，考验的是强度。总之大棚膜的发明，带动了人类社会的一场"白色革命"，改变了上万年来的人类饮食习惯。

设计上，大棚膜的选择是很重要的部分。主要考虑三点：

（1）强度要高，方能将棚膜绷紧，是减小风阻的重要条件，同时提高防灾能力。

（2）寿命要长。上棚膜是件非常麻烦的工作，而且是大棚质量的关键一环，即使骨架再好，膜上的抽抽巴巴也属于伪劣工程。

（3）透明度要好。为什么将这一点列为第三，是因为国家合格的棚膜都能达到。透光率越高，棚内温度越高，但有时强度、耐久性会降低。

在我的设计中，我分析了大棚整体不同部位对棚膜的不同需求，得出了这样的结论：顶部是受力为主的部位，要用高强耐久的膜；而下部2.5m以内要用透光率高的易于更换的膜。两种膜搭接使用，各取所长，这就是设计师的智慧。

第四章

大棚施工

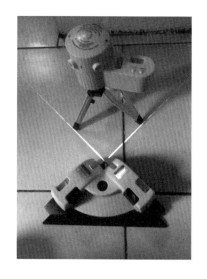

施工第一重要的是人身安全，不能有一点侥幸和马虎。由于我的设计在钢材选择上已经是最小截面，以降低成本，形成了整体强度很高，但局部抗踩能力较弱的特点。通俗地说，就是结构拱架上是不能站人的。施工全过程中人都要站在脚手架上操作。这种结构属于"非上人大棚骨架"。

经过多年的实践，我摸索出的塑料大棚的制作与安装工艺与目前传统大棚工艺有共同点，但也不完全一致。

第一，要严格按图纸施工，不得随意更改。

第二，是遵照国家有关钢结构施工验收规范的要求，本着安全第一、质量至上，并要求在甲方严格监督的前提下完成。

第三，是强调工序的重要性，先干什么，后干什么，要事先策划好。曾经有这样一栋钓鱼馆的建设，本来应该先立架子，后挖鱼塘。可甲方却做出了先挖鱼塘的决定。把本来的低空作业变成了高空作业，只好动用了大型吊车立架子，搭设高脚手架来装配骨架等工序，其结果施工费翻了一倍。

科学的施工组织首先是编制详尽的施工工序计划，即网络进度计划，规模小的可编制进度线条图。

第四，业主要事先准备几件必备的材料和工具：红砖（做基坑垫层）、木夯、100m皮尺、局部复测激光水平仪、垂直测量设备、大水壶、沙桶、白灰桶、长把勺（基坑底找平填砂，水撼用）、铁锹、白粉笔、油性记号笔等。这在下面我将提到它们的用法。

这里还要强调拱架成型的质量要求，拱架都要一根根从成型机（胎膜）中产出。没有高精度且十分坚固（使用中纹丝不动）的成型工具和科学的加工工序，就不可能制作出形状复杂且一模一样的众多拱架来，也就不可能有高质量的大棚拔地而起。

下面，分别就椭圆管装配式（含其他异形截面）大棚、圆管装配式大棚及焊接式大棚钢桁架结构的制作与安装工法分别介绍。最后是大棚膜的安装步骤，供读者参考。

第一节

椭圆管装配式

塑料大棚钢结构制作与安装

施工第一重要的是人身安全，不能有一点侥幸和马虎。施工全过程中人都要站在脚手架上操作。这种结构属于"非上人大棚骨架"。

本节介绍椭圆管装配式塑料大棚钢结构制作与安装。

一、施工图纸

首先要有一套由专业设计人员设计的科学、经济、满足功能需求的详尽的施工图纸。

其次是业主（或建设方技术人员）能看懂图纸，做到心中有数，要对图纸上的每一条线，每一句话都理解无误，并经常与设计者建立沟通。

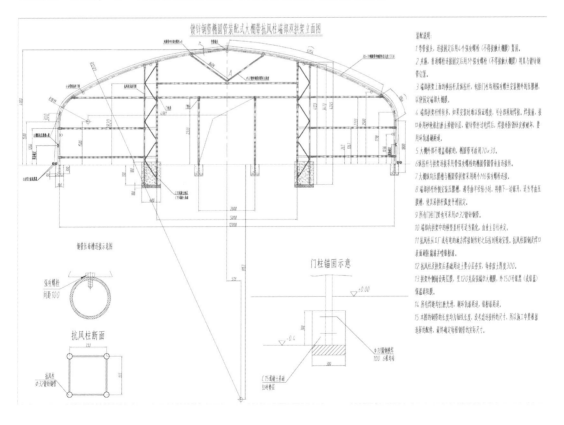

二、编制材料预算，预测支出

编制材料预算的目的是确定所用各类材料的数量，以便准确采购，避免浪费。预算同时还是对建设方能否真正看懂图纸进行判断，也是签订合同的依据。目前已有成熟的预算编制软件。

山东济宁 8m 832 型镀锌钢管带抗风柱装配式单栋大棚预算表

参数	数值	单位	参数	数值	单位
大棚内建筑面积	401.3	m²	端架斜拉绳埋深	0.0	
跨度	8.000	m	每端头斜拉绳根数	0.0	
温室高度	3.140	m	压布钢丝埋深	0.6	m
拱架数量	34.0	个	两拱架间压膜绳根数	1	根
拱架间距	1.5	m	整栋大棚门数量	2	个
大棚长度	50.166	m			

序号	材料名称	规格（mm）	每根长度	根数	总长度	每米重量（kg）	总重量（kg）	单价（元/kg）	合价（元）
1	大棚拱架上弦	钢管外径32,壁厚2.5	6.20	68	421.60	1.82	766.80	2.63	2 016.69
2	大棚拱架下弦	钢管外径32,壁厚2.5	0.00	0	0.00	1.82	0.00	2.63	0.00
3	主拱架水平拉杆	钢管外径32,壁厚2.5	6.20	10	62.00	1.82	112.76	2.63	296.57
4	主拱架斜撑	钢管外径32,壁厚2.5	2.12	20	42.40	1.82	77.12	2.63	202.82
5	斜撑拱	钢管外径26,壁厚2.5	0.00	0	0.00	1.45	0.00	2.63	0.00
6	大棚纵拉杆	钢管外径22,壁厚2.5	50.17	3	150.50	1.20	180.94	2.63	475.86
7	端拱门柱	钢管外径26,壁厚2.5	2.32	8	18.56	1.45	26.89	2.63	70.72
8	端拱门梁	钢管外径26,壁厚2.5	7.00	6	42.00	1.45	60.80	2.63	160.04
9	端架抗风柱竖向主筋	钢管外径26,壁厚2.5	3.54	16	56.58	1.45	81.97	2.63	215.58
10	端架抗风柱腹杆	圆钢外径12	1.17	56	65.24	0.89	57.92	1.95	112.95
	大棚钢架材料费小计						1 365.26		3 551.24
	每延长米大棚钢架材料费								70.79
	每平方米大棚钢架材料费								8.85

序号	材料名称	规格型号	单位长度/数量	单位	总长度/数量	单价（元/g）	合价（元）
1	端架斜拉绳	5.2	6.28	m	0.00	2.60	0.00
2	端架斜拉绳花篮螺栓	中	1.00	套	0.00	8.00	0.00
3	端架斜拉绳猫爪	8	3.00	个	0.00	1.00	0.00
4	压布钢绳	塑料包皮3圆钢丝绳	17.40	m	574.20	0.50	287.10
5	压布钢绳猫爪	小	4.00	个	132.00	0.00	0.00
6	焊条	3.2	0.00	kg	12.00	4.60	55.20
7	大砖	90	0.00	块	66.00	0.60	39.60
8	大棚外膜	120g 编织膜	0.00	m²	774.33	2.95	2 284.27
9	保温膜（被）	银编织膜	0.00	m²	671.66	3.50	2 350.80
10	油漆		0.00	kg	4.00	13.00	52.00

序号	材料名称	规格型号	单位长度 / 数量	单位	总长度 / 数量	单价（元 /g）	合价（元）
11	拱架砼基础		0.00	m³	0.00	300.00	0.00
12	抗风柱砼基础		0.16	m³	0.64	300.00	192.00
13	门帘布		0.00	m²	9.60	3.05	29.28
14	压布槽（含卡簧）		0.00	m	261.22	3.30	862.04
	小计						6 152.30

序号	材料名称	规格型号	单位长度 / 数量	单位	总长度 / 数量	单价（元 /kg）	合价（元）
1	上下弦之间双拱卡	双拱卡 220（含螺钉）	0	个	0.00	4.00	0.00
2	弯管接头	弯管接头 32（含螺钉）	1	个	34.00	2.00	68.00
3	夹箍	夹箍 32	5	个	88.00	0.50	44.00
4	管管卡	管管卡 32	2	个	68.00	1.90	129.20
5	压顶簧钢丝卡	压顶簧钢丝卡 32	1	个	34.00	0.50	17.00
6	门包角	门包角 32	8	个	16.00	1.80	28.80
7	卡槽固定器三合一	卡槽固定器三合一	4	个	136.00	0.60	81.60
8	门座	门座	4	个	8.00	1.50	12.00
9	斜撑拱 U 形螺栓	斜撑拱 U 形螺丝	0	个	0.00	0.70	0.00
10	固膜塑料夹箍	固膜塑料夹箍 1 寸	50	个	50.00	1.00	50.00
11	卷膜机	卷膜机	2	个	2.00	150.00	300.00
	小计						730.60

序号	间接费用及其他费用	单位	单价（元）	数量	金额（元）
1	棚布运费	m²	0.20	1 445.99	289.20
2	材料一二运费				0.00
3	材料一二三运费				0.00
4	其他材料费				0.00
5	材料损耗				0.00
6	机械费				0.00
7	临时设施费				0.00
8	冬雨季施工费				0.00
9	远征费				0.00
10	施工管理费				0.00
11	不可预见费				0.00
12	设计费				0.00
13	人工费				0.00
14	其他				0.00
15	合理利润				0.00
16	税金				0.00
	间接费用小计				289.20
	全部大棚费用合计				10 723.33
	每延长米全部材料费用				213.76
	每平方米全部材料费用				26.72

三、编制详尽的施工组织设计

首先要编制详尽的施工工序计划，即施工进度计划网络图。规模小的可编制《施工进度计划横道图》。对于特大型工程，还要编制《施工总体进度计划网络图》及分部工程的《施工进度计划网络图》。特别要强调一点，《施工进度计划网络图》是要编制详尽的施工组织设计，这是因为预想的计划赶不上各种因素的变化，一个工序变化就会影响到全局的变化。

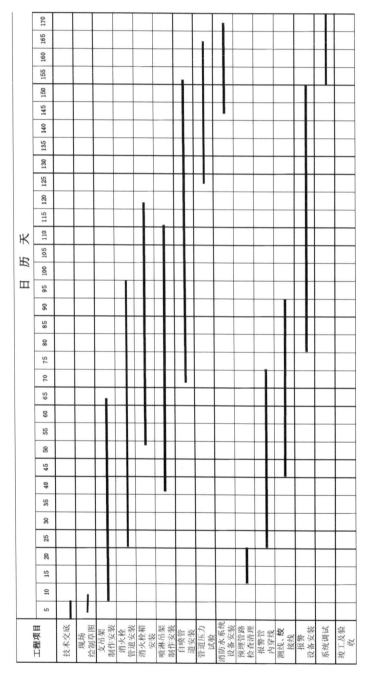

施工进度计划横道图

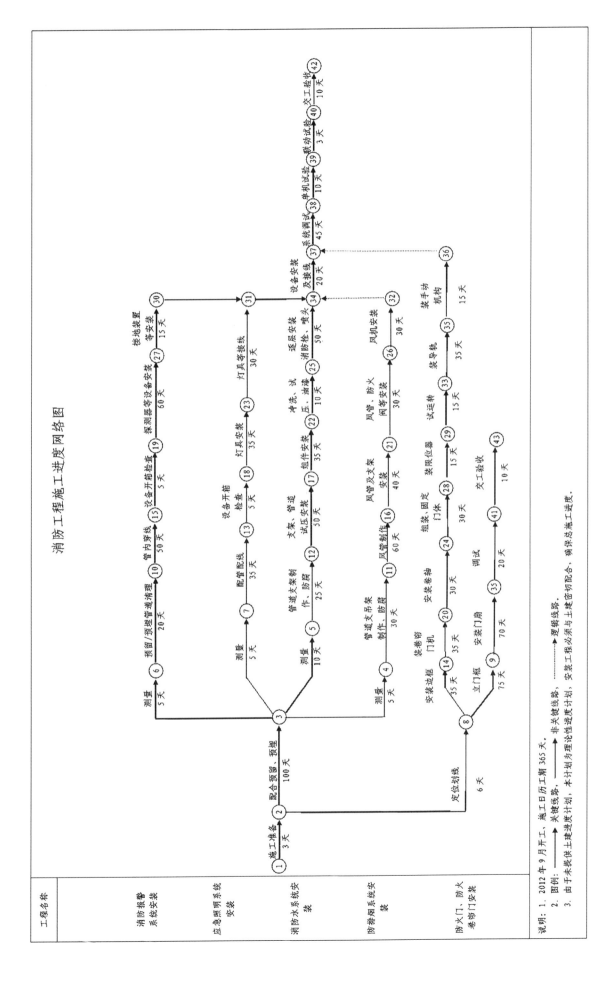

消防工程施工进度网络图

四、在"三通一平"基础上的开工准备

1. 选择制作场地，搭建现场工作、休息、仓储临时工棚。

2. 选择足够大的一块平整的堆料场地。场地要选择高地（或垫高 10cm 以上），并保证下雨时不会被雨水浸泡。

3. 用一段树干制作一个由双人抬起使用的手工木夯锤和租用机械夯（如蛤蟆夯），手工木夯将会从开工一直使用到交工。

这里要引进一个土的密实度概念：一种是含水率太低的土，由于缺乏水分子的黏合力，这种土是无法夯实的；另一种则是含水率过高的土，则因为水的不可压缩性也无法夯实。所以，土的夯实首先是要调整被夯土的含水率，使之接近"最佳含水率"。一般控制在含水 15% 左右为好。建设一座大棚需要对以下几处地段进行夯实：

（1）建筑物周边距离基础加地锚 300mm 范围。

（2）拱架基础及抗风柱基础垫层下部的土层。

（3）基坑周边回填土 300mm 一层，分层夯实。

（4）搭设工作、休息、仓储临时工棚位置上的土要夯实。

五、制作高精度的拱架

先做 6~8 个拱架，并在弯管机厂内（不是工地现场）进行整体大棚骨架的预组装，从而对拱架、拱架水平拉杆、主拱架斜撑杆、大棚纵拉杆、端拱垂直柱杆、

端拱水平梁杆、压膜槽、抗风柱及各类配件、钉铆的形状、尺寸、型号进行测定。千万不可想当然，加工了许多，一旦出差错，组装不上，损失就大了。

1. 大棚拱架是大棚建筑的核心部件，要求配备精度很高的椭圆（异形）钢管成型机和椭圆管缩径机，并配备熟练的操作工人。

2. 成型机附近找一块平整的水泥场地，根据图纸的尺寸，特别是要找准形成拱架的几个弧线段的几个圆心、半径及始终点和直线段始终点，用粉笔（易修改）在地面上画出拱架轴线大样图。用皮尺量各分段长度、跨度、总长、高度等，对照图纸上的尺寸反复核对，要与图纸完全一样（并通过甲方认可）。而后用油性笔描画初步定稿，作为加工拱杆的基本参照物（但还不是最终参照样板图）。下图可取消立钢筋桩。

3.对照图纸选择壁厚满足要求,镀锌层厚的钢管下料。

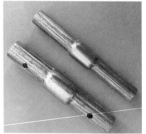

4.一头缩径,用于接长。

5.制作椭圆拱杆。椭圆直管上标注几段弧线段和直线段的始、终点,用记号笔标记。用成型机进行弯曲成弧,注意先弯曲半径大的区段,后弯曲半径小的区段。不断与地上画的初步定稿大样图对比,一定要保证跨度和垂直度,其余部位尺寸尽量接近就行。并记录下成型过程的各步数据,以便重复操作。这样做的目的是使每一个拱架都制作成完全一致。比对加工好的第一个拱杆,与初步定稿应该基本一致。再重复制作第二根,再对比,直至成型过程的各步数据稳定。用记号笔在地上画出最终大样图,用于后面生产的其他拱杆的最终样板图(下图右是测量钢板厚度的仪器)。

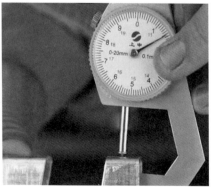

6.加工直管，准备连接件，预组装大棚骨架，包括拱架水平拉杆、斜撑杆、大棚纵拉杆、端拱垂直柱杆、端拱水平梁杆。对比已经做完6~8个大棚拱杆，准备预组装。对照图纸，测量各自的尺寸，记录数据、编号，加工4套。进行预组装，预组装满意（一定要保证跨度和垂直度）后便可以大批量生产了。

这里我想谈一下工地上的感受：大棚骨架及配件进场后，安装队伍遇到的困难与无奈，基本上是连接不上的问题。解决这一难题的最简单的方法就是由弯管厂家承担全部现场安装。只有这种社会分工才能真正倒逼出优质的大棚产品，就像现在去买电视机、热水器，都会上门安装一样。

7.将加工好的大棚拱杆、直杆、配件进场，以及进行单片拱架的工地组装。这也是大棚建设中的一个重要环节，包括编号、清点、包装、装车、运输、卸车、验收、入库、堆放、防护等。接下来就要开始单片拱架的划线、拼装、安装配件等工序。

在组装单品拱架时还有一个工序，就是将上右图中的水平拉杆的中部要在工地上弯曲一下，形成1%坡度的反拱，拱尖朝上。其作用是：整体大棚全部安装完毕后，由于是装配式，拱顶缩径部位会向下"塌陷"，水平拉杆则会产生下挠，此时会与反拱抵消。

六、开挖基础，垫层找平

1. 依据测量结果，在地面上根据大棚图纸所示拱架、抗风柱、门柱基础的尺寸和相对位置四角钉桩，画好线，挖好基坑，夯实坑底。目前常用土壤钻孔机挖坑。拱架基础用 $\varphi 200\sim300$mm 的钻头。

2. 在所有基坑中回填少量沙子，沙子上放一块红砖，找好标高，使所有坑底红砖顶面处于同一个设计垫层标高。这是大棚整体组装工序中核心的一步，因为垫层的标高是保证钢结构每一榀拱架与其他拱架整齐一致的前提。

3. 这里要特别注意的是，此时混凝土基础不能先做，浇灌混凝土应该放到大棚整体组装、调整完毕，整体骨架验收合格，并全部连接牢固之后。其目的是使拱架在安装过程中可随意调整位置偏差及拱架制作中的精度缺陷。

七、大棚骨架的就位安装

1. 先安装大棚一端的端部拱架

（1）可移动脚手架是大棚安全施工必不可少的施工设备。从竖立拱架、连接纵拉杆、上大棚膜、拉紧棚膜、上压膜槽、上塑料压膜管卡等工序都需要用到，一定要配备，切记。一般每个大棚需要 4 组。

（2）把端架平抬到场地基坑旁，端架的两端各有两人，抬起和移动的过程中用力要均匀，注意不要把端架弄变形。这里还要注意一点，如果是全拱架，拱架左侧的标记要位于大棚同一侧（加工时左右两侧不可能完全一致，加工时就用记号笔注明左、右）。

（3）端架竖立起来之前，需要准备好 4 根较长的斜撑杆并将其一头拴好在端架上部，端架中心点拴好铅坠，沿架子的两基础的中心点在地上画出连线和中点。注意，要有两个人站到放在大棚端部的可移动脚手架上，协助扶稳拱架，以防拱架倒向一方砸伤人。

（4）端架竖立。众人合力从侧面往起抬，使端架两端落入基坑红砖垫层上。扶起到一定高度后人够不着就用斜撑竿往起顶，在接近与地面垂直时用斜撑杆支住。可移动脚手架上的人要控制端架不要偏到另一边，以免发生危险。调整端架底脚，保证端架安装在既定位置，同时调整端架使之与地面垂直，铅坠正好落在两基础连线上。最后，用斜撑杆将端架牢牢地固定在大地上（不拆除，保留到灌注所有基坑混凝土之后）。

端部拱架是大棚中部拱架的基准，安装时一定要使其对齐地面上的定位线和定位点。如果端部拱架歪了，其他拱架也会歪，棚子是扭曲的。

2. 其他拱架及其构件的安装

（1）用上述同样的方法把第二榀拱架（即中部第一榀拱架）竖立起来，此时拱架基础还没有浇筑混凝土，这便于对第二榀拱架进行前后左右及上下的调整，保证安装的拱架各点整齐一线，中心对齐，与端架间距上下左右相等，标高一致。固定方法是，用两根纵拉杆，按图纸标注的位置和间距将其与端架连接牢固（连接前也要用铅坠找好垂直度）。以此类推，将所有中部拱架竖立起来，直至倒数第二榀拱架。

（2）用前面讲的端部拱架的安装方法将另一端端架竖立起来，再用纵拉杆与已经立起来的中部拱架连接在一起，此时大棚整体的钢结构框架基本形成。

（3）利用移动脚手架将其他纵拉杆、纵向压膜槽逐一与各拱架连接。

（4）将抗风柱平移到大棚端部，栽入抗风柱基础坑中，调整高度使之与端架接触、对齐、垫牢、连接。

（5）端部钢门窗框垂直杆、水平杆的安装。

对于端部拱架上所需的多道水平杆和垂直杆件也可以采用现场焊接，以避免过高的精度要求。

参照图纸尺寸和位置，并仔细看图纸上的说明文字，安装钢门窗框架与端架外缘一平（要事先在钢门窗框架上固定好压膜槽）。图纸上门窗尺寸和位置一般只是个示意，用户可根据需要调整大小和位置，但不能随意减少数量，其原因是这些门窗框架还有一个重要作用，就是固定棚膜，使之与钢结构共同承担外来荷载。

（6）补刷油漆。对所有外露的焊点补刷环氧油漆两遍。

3. 混凝土基础浇注

用按照图纸要求标号的混凝土把所有基础浇筑，其中最重要的是抗风柱基础的施工质量，凝结后，还要将其周边的土夯实。

八、压膜线地锚的安装

从大棚受力分析来看，大棚膜将承受风荷载而产生的升力，并通过压膜线地锚传递到大地，从而消耗大量风能。也就是说，压膜线及其地锚是温室大棚的主要受力构件。

地锚施工，是费工、费时、费力、费钱的工序。随着大棚配件的发展，多种新型的地锚技术逐渐兴起，可以展望：不用开挖土方，不再浇灌混凝土的地锚将会实现（内容详见第二章第六节"螺旋地锚在塑料大棚中使用将降低建设成本"）。

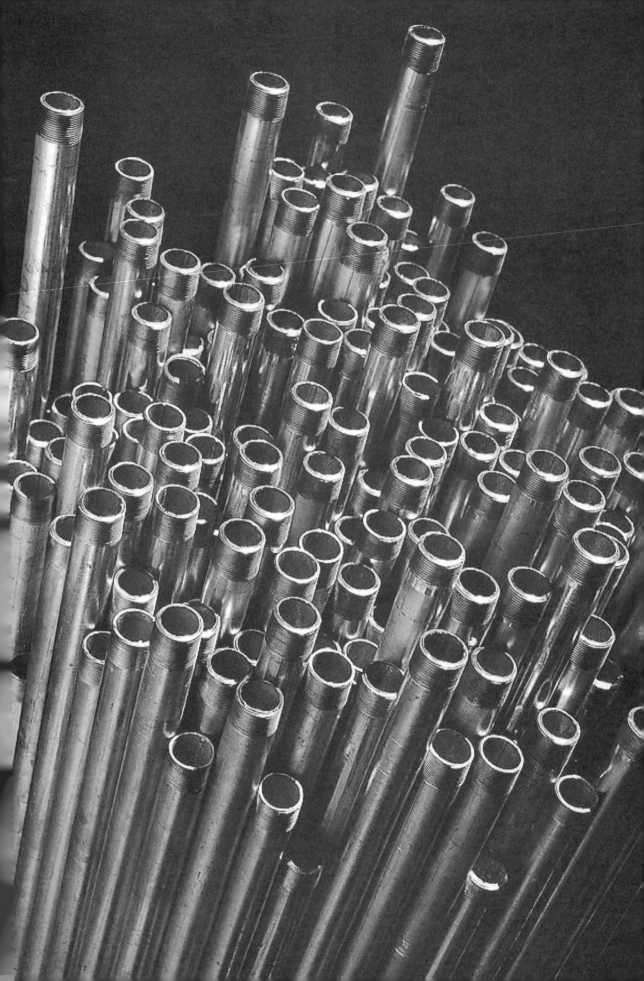

第二节

圆管装配式
大棚制作与安装

　　圆管装配式大棚是大棚家族中重要的品种，可算是大棚"鼻祖"。虽然圆环断面比椭圆管在受力上有明显不足，但由于它不需要高精度的弯管机，操作简单，所以至今尚占据半壁江山。上一节讲的是椭圆管机械成型大棚的制作安装。圆管的成型就简单多了，本节讲的是镀锌圆钢管（4分、6分管及1寸管）。所有工序都与椭圆管相似，所以只介绍圆管成型，其他请参照椭圆管。

1. 材料进场
　　一般都选在大棚所在区域的一块平整土地上，不一定配备电源。

2.拱杆的弯曲成型(自制弯管平台)

3. 杆件的连接成型

4. 立架子

5. 整体骨架连接成型

第三节

焊接式大棚钢结构
的制作与安装

　　还是要强调施工中的人身安全。由于我的设计在钢材选择上已经是最小截面，以降低成本。这种结构形成了整体强度很高，但局部抗踩能力较弱的特点，属于"非上人大棚骨架"。

　　焊接式塑料大棚的制作与安装工法，我已在 2014 年出版的《塑料温室大棚设计与建设》中详细阐述。但考虑到有些读者不曾有这本书，特简介如下，同时还要参考本章第一节"椭圆管装配式塑料大棚钢结构制作与安装"，大同小异。

　　1. 看懂图纸心中有数。

　　2. 编制材料预算来控制合理支出，准确进料。

　　3. 编制详尽的施工组织设计和施工进度计划网络图。

　　4. 在"三通一平"，开工准备，搭设大临工程。

　　5. 制作高精度且十分坚固（使用中纹丝不动）的拱架胎膜。

　　6. 钢材下料拱架成形。

　　7. 焊制拱架。

　　8. 除锈，刷油漆。

　　9. 开挖基础，垫层找平。

　　10. 安装端部拱架。

　　11. 安装中部拱架。

　　12. 制作大棚副架。

　　13. 安装大棚副架。

　　14. 安装端部抗风柱、钢门窗。

　　15. 补刷油漆。

　　16. 浇注混凝土基础。

　　17. 大棚地锚施工。

第四节

大棚膜的安装

　　大棚膜的安装是大棚建设中最重要但也是最容易被人轻视的环节，搞不好就功亏一篑。因为，大棚膜本身很薄，安装不当容易被大风撕裂。还有，大棚膜必须绷紧效果才好，寿命才会长。但是，绷紧大棚膜不是一件容易的事。安装时要认真执行下面工序的每一个步骤，差一点都将会安装失败，甚至造成经济损失或安全事故，所以安装时不可有侥幸心理，别怕麻烦。

　　下图所示是膜没绷紧的严重后果，兜风、兜雪、挂灰、磨损。

　　还有一个问题也不可不防，就是"水兜"重量很大，对大棚骨架有破坏，这也是因为大棚膜没绷紧所造成的危害。解决的最简单的方法就是"扎破放水卸载"。备用的工具就是在家里准备一把螺丝刀和一段能与其紧固连接的钢管。一旦大棚上部产生"水兜"，及时捅破就是。到了冬季，用大棚膜专用胶带补好。

　　1.计算所需膜的长度和宽度

　　大棚膜绷紧的主要方法就是：延纵向，两端山墙（即端部拱架垂直面）与顶部拱面用的是同一张大棚膜。不能分3块。

　　（1）计算好膜的长度，买少了就麻烦了，多一点问题不大。

　　膜长度：等于大棚的长度加上两个端部（山墙）的高度，另外还要加上顶面的起伏长度和斜拉拽紧时所需的长度（6~9m）。

　　（2）计算膜的宽度，这就需要看图纸上上弦的展开长度，这个长度包括了两侧拱架基础内上弦的长度，余量基本够了，所以，一般就以这个长度进整数后作为需要购买的大棚膜总宽度。留中部通风段的（第二章第五节）可分成三张膜分别计算宽度。

2. 大棚膜的缝合加宽

大棚膜的长度可以无限加长，而宽度不是可以任意加大的。一般情况下，当所需大棚膜宽度大于 12m 或者遇到穹顶棚时，厂家生产的棚膜宽度、形状不能满足要求时，大棚膜的缝合就成了重要的一道工序（我这里指的是编织大棚膜）。

（1）将需要缝合的两张大棚膜拉直对齐，摞在一起。长短不齐的以短的为准，要使两块膜松紧一致，用皮尺、油性记号笔画出短膜缝合边的中点、四分点、八分点、十六分之一点，同时将该标志延长到对应大棚膜缝合边的另一面。

（2）按照这些标志，把两块大棚膜要缝合的一边一同向一面叠进 5cm；用文具夹从头到尾每隔 1m 夹一个，防止错位。

（3）用轮胎线（即风筝线中咖啡色的）沿折叠边中点缝合一道或两道，线要保证强度和耐久性，针脚长 1cm，缝针用缝麻袋的针。

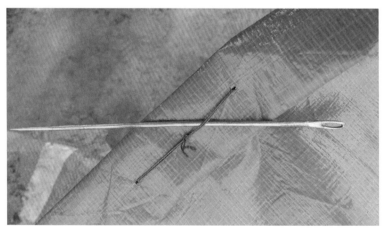

3. 先放置全部压膜绳，拴紧压膜绳一头于一侧地锚上（重点）

在许多人的眼里，上大棚膜的施工是先上膜，再抛压膜线。但现实中惨痛的教训往往让我们反思自己的失误，千万不可尝试。

看起来风和日丽的一天，是安装大棚膜的好日子，好不容易把大棚膜铺上，一阵大风忽然骤起，将棚膜鼓起，由于压膜线尚不存在，无法约束棚膜，棚膜如脱缰的野马完全失控，安装失败。

仔细分析"一阵大风忽然骤起"的原因，其实没有大风也会产生大风。原来是由于我们没有按照科学规律办事所导致的。在这里，我们忽视了空气动力学的存在：当大棚膜罩上后，棚内由于膜下空气温度迅速升高，空气膨胀，且体积巨大，棚内处于正压状态，棚膜迅速鼓起。根据空气动力学原理，此时若在大棚膜外表面有一定速度的空气流动，而大棚膜内表面风速为零，棚内空气会产生对大棚膜的向上的升力。当升力超过大棚膜的局部重量时（棚膜极轻），大棚膜就被掀起来了，而这个条件很容易达到，有时仅是微风吹过而已。如果此时棚膜上方有许许多多的压膜线将大棚膜压住，就会约束棚膜的升起，使上膜全过程始终处于我们的可控范围。

问题的原因找出来了，便可寻找解决的办法：需要做的就是要先将所有压膜线就位，然后才能盖膜。膜在下，绳在上，如何才能做到呢？

方法是：先用两根 2~3m 长的 4 分管，上面焊（捆）一个用 8 号线弯成的 Y 形两股叉，我称之为"举绳叉"。

将所需全部压膜绳切好（长度为拱架弧长加 3m），全部拿到大棚一端（端架子处）。由两个人分别站在大棚两侧。用"举绳叉"挑起压膜绳，高举超过大棚，同步沿着大棚纵向向前走。将压膜绳分别一根根放到每一个地锚处。拴紧一侧的压膜线（马蹄扣，也叫拴马扣）于地锚环上，另一侧则临时栓到纵向杆上（临时扣），而不要栓到地锚环上。

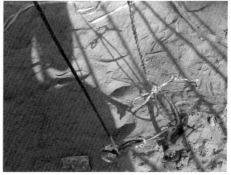

4. 将棚膜折叠就位

先将大棚膜两端部的中点、四分点、八分点用记号笔画好。

将大棚膜延纵向折叠成手风琴形的一长膜条（缝针面朝上，像鸡冠子），多人像耍龙灯一样每隔 6~7m 一个人，手抱肩扛（注意膜不能在地上拖，以避免把膜弄脏和弄坏），将膜条放到大棚一侧（临时扣，未拴地锚一侧）。要确定先固定大棚膜的 A 端，棚膜在 A 端要长出端部棚高度尺寸加 1m；大棚另一端 (B 端) 有更多的大棚膜的富余量。多人在大棚膜两头将膜拉直拉紧，此时完成大棚膜条地面就位。

5. 拴紧压膜线另一头

再将一侧压膜线临时扣松开，将绳绕过棚膜条，从膜外侧下部向内掏过，将绳拴紧到地锚上。此时大棚膜就被包裹在压膜线之内了。这里，应注意检查压膜线应该是松紧适度的，既可保证大棚膜在纵向拉紧时不受任何阻力，而一旦有风，棚膜上鼓时，还制约大棚膜，使之不至于乱飞。

6. 扣膜

在 A 端，有两人站在离端部 1m 远的脚手架上，将 A 端的膜拖曳到对面，然后对面的人就可以一面向前走，一点点将膜全部拉到对面，这样，大棚膜从压膜线与大棚拱架之间一点点被掏了过去，将整个大棚罩满，含两个端部。

7. 大棚膜打百褶裙，然后固定 A 端大棚膜

（1）固定 A 端部的膜，将大棚膜的底部打折成均匀的百褶裙样式，压入压模槽中。具体做法是，在大棚端部最下面的一根事先焊好的水平压膜槽上用皮尺、油性记号笔画出大棚端部贴地部位的中点、四分点、八分点标志。将这一端的膜放入该压模槽中上簧。注意，大棚端部压膜槽上的中点、四分点、八分点标志要与端部大棚膜上的中点、四分点、八分点对准，先对准中点，再对准四分点、八分点等其他标记点。

（2）均匀将端部大棚膜的底部打折成百褶裙样式，压入最下面一根水平压膜槽中。逐条压入上一根水平压膜槽，最后压好垂直压膜槽。这样大棚膜就在 A 端与大棚骨架牢牢连成一体。

8. 纵向拉紧棚膜，固定另一端大棚膜

到大棚另一端（B 端），由多人 (6 人) 用手抓住棚膜，将棚膜整体向外拉紧，一边向后拉，一边后退，一边上下抖动，以减少膜与架子之间的摩擦，一定要拉得非常紧才行。然后，保持大棚膜拉紧的状态，大家一起用双手向上卷膜，一边卷一边慢慢向大棚端部靠近，使得大棚膜不因此松弛，直至走到大棚的垂直边，下蹲，使膜绷得更紧。

完全按固定 A 端大棚膜的方法，将拉紧的大棚膜用压膜簧固定到 B 端的压膜槽内。从中部开始，向下，再向上，先水平，后垂直。为了不使大棚膜松弛，对百褶裙的要求不严格。一般要先压中间部位的膜，再压两边的膜，以保证端部膜纵向受力均匀。

这里要提醒：多余的膜不要剪掉。在大棚使用中常出现棚膜松弛，还要隔段时间松开一端，继续拉紧。剪掉了，就无法再拉紧。

9. 调紧压膜线

从大棚中部向两侧逐步收紧压膜线并拴好。要注意一点，大棚膜张紧是凭前面说到的纵向拉紧，而不是凭压膜线压紧。压膜线要松紧合适（不宜太紧），有时要通过几次调整，使得大棚膜各处松紧一致，多出来的 2m 压膜线也不要剪断。与此同时，要有人进入棚内，查看棚膜外面的压膜线与大棚内部的所有纵拉杆有没有任何一点隔着大棚膜相接触，因为接触处就会磨破大棚膜。

如果发生这种情况，可放松压膜线，如果还不行，则必须返工，将一端全部压入膜槽内的大棚膜放出，并将全部压膜线重新放出 2m，更加拉紧棚膜乃至再次完成以上步骤。否则将功亏一篑，后患无穷。

另外，自然环境比较恶劣的地区，最好再上一道压膜线，增加大棚的整体防护能力，更重要的是，万一有一根压膜线被刮断了，另一根马上能起到跟进作用，以保护相邻压膜线，从而保证大棚膜不被掀翻，这一点也很重要。

10. 剪开门窗

将门处大棚膜根据需要剪开，只走人的可以剪成倒 T 形，要走车的剪成 U 型，等等。然后上门帘。

对于留中部通风段的，用三张膜扣一个大棚，顶部的最大一块膜，要参照以上方法铺设，但也有些区别：端部膜不打褶，膜中点对准大棚端部中点，多出来的膜要反折到纵向两侧，用文具夹夹在骨架上（如副架子或在两拱中间增加一根立柱）。等天气变冷，在下部接一段膜，用压膜槽或文具夹将上下膜连成一块。

11. 端部双层，银蓝反光膜拱面覆盖的大棚

如果采用的是端部双层，银蓝反光膜拱面覆盖的图纸，则扣膜步骤增加几项：

（1）先上两端部内膜，再扣整体大棚膜。

（2）埋设卷膜机垂直爬杆，将银蓝反光膜从一侧拉到另一侧，上卷轴，上卷膜机，再上银蓝反光膜的压膜线。

（3）银蓝反光膜盖在大棚膜上，两端要固定在端拱架外侧的水平和垂直的压膜槽上，至门框上沿横梁。如此两侧便可卷起。

12. 大棚被的覆盖与安装

写到这里，我想谈一下工地上的感受：就是大棚被及配件进场后，安装队伍同样要遇到太多的困难与无奈。解决这一难题的最简单的方法就是由大棚被生产厂家承担全部现场安装工程。只有这样才能真正避免大棚被、卷被机、卷曲轴、限位器等厂家不配套、不配合、不搭理的局面。现代工业区别于传统工业的一个重要标志就是生产产品必须配以全套安装服务，乃至售后服务。就像窗帘厂都配有入户安装的工人一样。

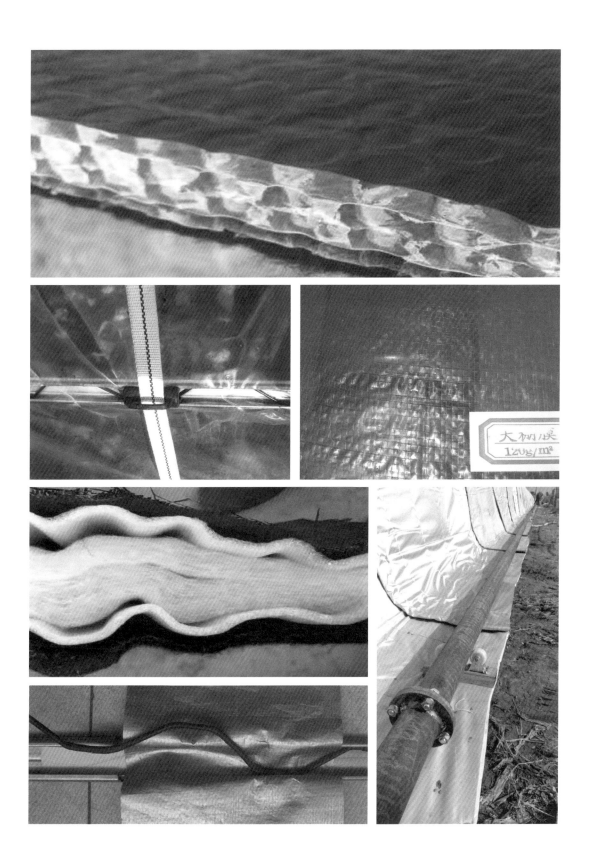

附录

一位退休工程师的精彩人生

——执笔高和林小传

1949年1月20号，伴随着北平的和平解放，协和医院著名妇产科大夫林巧稚将我接生到这个世界。为了我能沾点名人的光，妈妈给我起名高和林。

我的童年、少年和青年基本上是在北京度过的。

1961年父亲从北京有色院被调到包头稀土院。妈妈为了我能接受最好的教育，决定将我和哥哥高宝纲留在北京读书，从此我便开始了独立生活。那年我12岁，上六年级。

1965年末，北京疏散人口，说是备战备荒为人民。我被疏散。我告别了培养我整整四年的北京师大二附中。老师和同学们为我开了欢送会，我在会上大哭了一场。

到包头后被分配到九中高二一班，这也是一座好学校，在这里我和所有同龄人一样，经历了"文化大革命"。同时也结识了许多交往一生的朋友，其中就有我妻子，同班的王桂芬，她长得很甜，第一眼看到她，我就喜欢上她了。

1968年9月我同王桂芬、余西安、高为人、谭新生等十名同学到内蒙古农村插队落户。那是乌拉特前旗西小召公社南黑柳子村。奇怪的是，当千千万万下乡知识青年陷入痛苦绝望境地的时候，我却忽然感觉到一种从来没有过的解放：从今天开始我和我的同龄人真正回到同一起跑线，以后的人生就靠自己的努力了。事实证明，我跑到了前面。

1971年，在我和王桂芬的共同努力下，借助她父亲和李华田的关系，我回到了包头，分配到中国第二冶金建设公司，当了一名水泥工。这是建筑工地上最繁重的体力工种，至今我肩上有块脱落的碎骨，就是当时被重担压碎肩胛骨留下的伤痛。

1972年，是我生命的转折，在李华田大哥的帮助之下，我被调到公司财务科。1973年结婚。（下面照片中右下是我的岳父王毓先，左上是他的徒弟李华田）

1974年我被保送到浙江冶金会计专科学校，成为了一名"工农兵"学员。学成后回到原公司继续从事会计工作，当时我被看成二冶最有培养前途的财务人员，曾出任财务科临时负责人。

1976年国家发生了许多大事，其中对我影响最大的是粉碎"四人帮"。

1977年邓小平复出，全国统一高考恢复，我考取了太原工学院土木系工民建专业。当年，到内蒙古招生的老师叫曾建民，是他改变了我的一生，使我有了后半生的幸福生活。

上大学那年，我三十岁，已是两个女儿的父亲。转眼到了2019年，我七十周岁了。

这漫长而又短暂的四十余年里，正逢与改革开放同行，中华民族奇迹般地从历史的贫困中摆脱出来，实现了小康生活。我也在不经意之间走完了我人生最辉煌的时段。

回首往事，40年来就办了几件事：

首先，是在太原伴随严重失眠的四年求学之路，老师、同学给了我最大的关爱，至今不能忘怀。

1982—1992年，是在包钢设计院愉快而轻松地工作，任计划科科长。十年中，我参与了许多项目的设计，并为下一步事业发展奠定了基础。

1992年，在担任包钢房产处副处长期间，我主持建设了数万户民用住宅，基本实现了包钢职工居者有其屋的梦想。

1998年我担任中国二冶总工程师，全面主持技术质量工作，参与了许多重大工程的施工建设，我曾三次亲手为二冶捧回国家最高工程质量奖"鲁班奖"，本人也因此获全国工程质量管理先进工作者称号。

2003年我荣归故里，回到阔别十几年的包钢设计院，担任包头钢铁公司副总工程师兼包钢设计院院长，同时继续兼任中国二冶总工程师，荣获包头钢铁公司1954年建厂以来首位"土建专业专家"称号。如此光环是对我一生的充分肯定，我只有努力工作，为包钢实现1 000万t钢的腾飞，站好最后一班岗。

如今我已退休多年。

我一生睡眠不好，这给我带来了比常人更多的思考时间，也就产生和实现了许多奇思妙想：

1. 我发明的"模板对拉螺栓上用遇水膨胀橡胶止水片""柔性挡风墙"两项获国家发明专利，在南水北调工程、集通铁路上使用。

2. 由我主编的三本施工技术质量方面的专著已在全国正式发行。

3. 我曾亲手设计并组织建设了中国第一个塑料大棚双标准池游泳馆，比奥运会的水立方早了十年。现在我依然在全国范围通过网络为农用、畜用、林用、生态用、工业用塑料大棚的设计与建设提供图纸和技术咨询。

4. 退休后，我处理掉多年收藏的邮票和玉石摆件，潜心收藏和研究"长命锁"。

下图为外孙王凯麟十二周岁生日举行隆重的　　　　　"百花齐放百家争鸣"银锁片（佛山博
圆锁典礼。　　　　　　　　　　　　　　　　　物馆收藏）

　　2011 年底由上海人民出版社出版发行了《民间老银饰——长命锁鉴赏与收藏》。希望在
弘扬中华民俗文化方面做点贡献。

　　2017 年 4 月 28 日，我向我多年来拥有的 670 把珍爱的"长命锁"道别。全部转让给了
广东省佛山市博物馆。这些"长命锁"都是我们这个民族非物质文化的精粹之物。"精彩"贵
在于共享，而只有博物馆最能实现全民共享。

　　我收藏的"古匣"有 150 余件，品种繁多。其中不乏名人遗存（如廖仲恺、张静江）和
名贵材料（黄花梨、紫檀、檀香）所制，其中，弥足珍贵，能算得上"江南（扬州）民间国宝
级文物"的是，扬州梁福盛漆号的螺钿漆盒和漆盘，均带"梁福盛"铭款。

　　2013 年我的第二本收藏民俗类图书《民间老盒子——古匣收藏与鉴赏》出版了。

　　2019 年 3 月 21 日，武汉姨妹刘德敏妹夫王泽静到达上海，开始对这批古匣进行保养。
这批珍贵的古匣最终被扬州著名企业家朱传根先生收藏并着手在扬州展出。后有诗为证：

告别

古匣收藏几十年，辛苦成书开新篇，

扬州福盛螺钿稀，紫檀海黄不珍奇。

身心疲惫暮年至，珍宝传承实为艰，

朱批高论忘年交，黄鹤三月扬州俏。

德敏辛劳泽静巧，漆器景泰檀香飘，

大哥谢静来助兴，最美不过夕阳好！

江山易改性难移，古瓷飘香催奋蹄，

再到书成烂漫日，新朋老友听昆曲。

我大学同窗才子高天长为此举题写楹联：

上联：慈禧 朱批 梁福盛 漆器 传承 扬州 民间 国宝 根深 叶茂

下联：太白 高论 黄鹤楼 别情 和送 襄阳 天下 奇缘 林瀚 荫浓。

横批：故土恩泽

高天长以李白送别孟浩然烟花三月下扬州千古佳句，对仗我与朱传根的友情林瀚荫浓。

著名书法家，中学同窗牛志民书写成联，并朱印落款。我在此对二位同窗几十年的友谊深表感谢。

还有一批珍贵的明清宝石帽正，目前也有国家博物馆要求收藏。我还在与家人商榷此事。

最后，我还有一个愿望，就是将我收藏的众多鱼盘、鸡碗以及几件有历史价值的瓷器，写成一本书——《民间老瓷器——专题、底款、名窑鉴赏与收藏》，寄语人生感悟，画个句号。

到古玩店逛逛，在淘宝网古董店漫游。这是我最后愉快的时光。到底，收藏已成为我生命的一部分，我已心满意足。

如今我的两个女儿都已在上海成家立业，并都有了孩子。老大高钰是同济研究生，目前已经是知名教授，小女儿高琛现任会计师，财务总管。外孙叫王凯麟、赵子策，都上初中了。

我还续编了我的"高氏家谱"和我母亲家的"蔡氏家谱"，均为三百年。最近又续写了我奶奶《常州毗陵传胪第庄氏庄安孙先祖并直系后裔庄姓、高姓双支族谱》，长度近七百年。纵观历史，感悟颇深："是金子，沙子中也要发光"。

感悟歌：

老之将近，古稀人生；回顾此生，莫论成败；经历伤痛，却未消沉；虽无大成，亦属小进；与人为善，义长友多；扬人之长，莫讥其错；处事宽容，待人真诚；何以解忧，做点事情；事在人为，境由心造；要有坚守，也舍放弃；养儿育女，尽责天职；知足常乐，恬淡清贫；访友聚会，小酌品茗；品长论短，谈古说今；发点牢骚，说说趣闻；著书续谱，竭力尽心；弹琴收藏，再添新生；大棚事业，旭日东起；重名轻利，不惧褒贬；自然归宿，达观听命。

家训——留给我的子孙

人的一生，会遇到许许多多困难。我无法告诉你们应该如何生活。每个人都有权利选择自己的人生。但我还是有两点锦囊妙计，适合每一代人。这对你们十分重要，因为这是我和你妈妈用生命换来的经验教训，不能叫我们的后代再吃这个亏了。

高和林

后序　兼谈农业设施现代化

高和林先生曾任中国二冶总工程师、包钢设计院院长等职务，有着深厚的理论基础和丰富的工程经验。由于偶然的机会，他接触了农业大棚，看到了在这个细分的行业中，大棚的设计、选材、制作和应用尚处于以经验为主的阶段，缺乏标准、缺乏技术，甚至有许多误区。为此，他尝试用一般工业与民用建筑的方法来分析大棚，优化构法，改善功能并提高可靠性。他主导了一些大棚项目的设计与施工，取得了很好的技术经济效果，在行业里引起了注意。当发现在这个实际市场已非常庞大的领域，竟无一本关于大棚的专著时，他开始调研，经整理和归纳，完成了《塑料温室大棚设计与建设》一书。这本书通俗易懂，深入浅出，实用性强，在业内受到广泛的欢迎。

　　高和林先生的研究揭示了一个问题，即在农业现代化的大课题下有一个重要的分支，即农业设施的现代化和产业化。仅就广义农业设施中的农业建筑、构筑物而言，过去，在自给自足和就地取材的局限中，人们习惯用最传统的办法造粮仓、做圈舍、搞加工厂房，只是在近些年才有一些进步，如玻璃（阳光板）温室大棚、自动化养鸡设施等，但其标准化、产业化、多类别和服务体系还远不能满足现代农业对设施的需求。相对而言，以中国制造为支撑的其他行业在建筑、设施和装备方面的进展则明显超过农业。另外，农业互联网应用和智慧农业也需要配套相应的设施载体，现代设施工程就显得尤为重要。

　　大棚是钢结构，而钢结构不仅可以做大棚，还可以做谷仓、各种饲养房舍、饲养护栏、养殖浮箱与步道、各种农用育种车间、农产品加工车间、农业冷链中的冷库、农产品批发建筑、灌溉设施、室内的钢结构内容装备以及农村钢结构住宅或公共建筑等，其需求量之大不亚于房地产业。而在中国，上述产品的开发已具备强大的原材料业和制造业支撑的条件，只需要去做，这迟早会引起有关制造业的兴趣，说它是商机一点也不为过。

　　好在一般的工程技术方法转用到农业设施与装备上应当是同构的、有效的。以塑料大棚为例，建筑力学、建筑物理、能效分析与管理、构造构法、材料、加工工艺与装备的理论与技术都派得上用场。

　　经过努力，我们在大棚方面也将能做到有基本研究、有标准、有标准图、有造价定额、有工艺、有定型产品、有规模生产、有快捷的供销渠道、有棚内设备配套、有技术支持，真正形成产业和产业链，这将产生无可比拟的技术经济优势。推而广之，种类繁多的现代农业设施产业也将成长起来。

　　这就是高和林先生执笔的书给我们的启示。

卞宗舒　　2020 年 2 月 29 日

阿卡众联农业服务（北京）有限公司

　　阿卡众联农业服务（北京）有限公司第一个会员制有机农场，成立于2011年，拥有阿卡AKA、阿卡田园、阿卡文创等多个品牌，是北京市农业信息化龙头企业。独立建设和运营着3地5家农场，和服务全国由北到南多个合作联营基地，以会员直销、订单农业方式服务于1 000多家大型企业、跨国公司和20多万户中产家庭高净值客户等。阿卡坚持将区块链、云计算、大数据、物联网、自动化等信息技术（IT）全方位服务于生产一线，实现了现代化订单农场全方位数字化管控、农产品全程绿色追溯以及供应链应用。

　　江宇虹：出生于上海，毕业于英国伯明翰大学和剑桥大学，管理学博士；曾任戴尔、惠普大中华区高级管理岗位，负责亚太12个国家的IT产品在线营销；2007年创业，2011年投身有机农业，现任北京阿卡控股有限公司总裁、董事长兼首席执行官。

· 2015年3月"两会"期间，阿卡作为"互联网＋农业"的代表，被中央2套、7套、《经济日报》等央媒专题报道。

· 2015年全国农村会议上，代表北京农庄样板向韩长赋部长介绍阿卡互联网模式（左图）。

· 2015年参与了北京第四届农业嘉年华、草莓博览园互联网农业馆进行策划及运营。

· 2016年获国家颁发的"新农人"称号；在9月的农业部苏州"双创"会议上，作为全国新农人代表向汪洋副总理和各省省长做"互联网＋农业"专题汇报。

· 2017年在李克强总理访澳期间，在中澳企业峰会上代表中国农业企业发言。

· 2018年评选为第八届CCTV"三农"创业致富榜样。

· 2018年4月在阿卡示范农场接待北京市陈吉宁市长考察，北京市农委在第2期《新农村简报》中以"创新农业产业融合发展新思路"为题，向全市推荐了阿卡一二三产业融合发展模式。

· 2019年参与房山国家现代农业产业园的休闲农业板块规划、建设及运营。

· 2019年9月与职高联合办学，创办阿卡智慧农业学院。

· 2019年4月参与房山国家现代农业产业园的休闲农业板块规划、建设与运营。

· 2020年1月加入国家可信区块链推进计划——农业产业链研究小组。

    阿卡吸纳国内外各行业精英,有经济法学、农业管理、计算机专业、土建设计、建筑施工、营销管理、金融保险等学科的高端人才。与此同时,公司还主动与国内著名科研、设计单位合作。实现了在短期内迅速步入同行业先进水平。

    近年来,阿卡团队人员深入工程第一线,参与可行性研究、规划设计、施工图设计、概预算编制、原材料采购、工程组织、质量监控,并在冬季施工等全套项目管理,开展了"极寒天气"下的大棚内耕种,取得了第一手资料,也为后续工程积累了许多有益的经验。

    在农业园区建设的全过程中,我们接触到政府部门、农科院所、国家建筑设计综合甲级资质设计院、结构专业设计院、监理公司、建筑公司、农业农机公司、钢管配件生产加工厂、大棚膜生产厂、大棚被生产厂、保温材料厂、电机电器厂。同时还结识了一些从事大棚设计多年的老专家、学者。

    在相互交往和配合中,大家达成了共识,那就是目前国内的大棚发展迅速,但缺乏标准,多为经验型建造,普遍质量不高、功能差、成本高、回收或再利用困难。少数能够成套供应的构件化大棚,也存在缺乏基本研究、无标准和系列不足等问题。因此,开展关于大棚的技术性研究和产业化研究,并以标准化、产品化、品牌化和合理地组织供应链的细致工作,将催生一个新型的分支行业。

阿卡公司愿意牵头承担这一重任。

2020 年 1 月 15 日阿卡董事长江宇虹来到上海，与曾经参与农业产业园区规划设计的两家设计院及参与设计的结构专家见面，共商大计。

一致决定：以共同出版《新编温室大棚设计与建设 2020》为引导，成立"阿卡农业园区建设团队"。吸纳并整合各类相关企业、院所、原材料工厂、工程队的优质力量，不断壮大"阿卡团队"。从而为社会提供非常专业的大棚建设服务。

未来规范的标准化设施作为供应链保障的一部分，积极引进、实施成熟的区块链技术，纳入产业应用中，为中国未来农业的发展探索一条有益之路。

上海必立结构设计
事务所有限公司

一、企业负责人牛春良简介

牛春良为原中冶东方工程技术有限公司上海分公司总工程师，现为上海必立结构设计事务所有限公司执行董事、所长，主要从事建（构）筑物的结构设计工作，尤以高耸与特种结构的设计为擅长，在抗风理论、震害规律研究和防腐设计等方面有较强的 技术优势。

牛春良1964年出生于内蒙古赤峰市宁城县，1987年毕业于天津大学应用力学专业。

牛春良为教授级高级结构工程师、国家一级注册结构工程师、国家注册监理工程师。

牛春良是全国冶金建设高级技术专家、中国工程建设标准专家库特邀专家，承担标准宣贯、培训、咨询等工作。

牛春良是中国工程建设标准化协会理事会理事、中国工程建设标准化协会高耸构筑物专业委员会副主任委员、中国工程建设标准化协会防腐蚀专业委员会委员。

主要完成工作如下：

1. 主编国家设计标准

《烟囱设计规范》GB 50051—2002/GB 50051—2013

《烟囱工程技术标准》GB 50051—20xx（尚未批准）

2. 主编国家标准设计图集

《钢筋混凝土烟囱 05G212》图集、《钢烟囱 08SG213-1》图集。

3. 主编设计手册与图书

《烟囱工程手册》，2004年，中国计划出版社。

《烟囱设计手册》，2014年，中国计划出版社。

《工业烟囱设计手册》，2018年，中国冶金工业出版社。

《建筑结构的震害规律与分析》杨春田、牛春良著，2014，地震出版社。

4. 独立开发的大型烟囱辅助设计软件"51YC 无忧烟囱"。

上海必立结构设计事务所有限公司（以下简称"上海必立"）成立于2016年，企业注册资金1 000万元，是国内唯一一家专门以烟囱、冷却塔等高耸结构设计以及索膜等特种结构设计为主业的专业化甲级设计院。公司于2019年被上海市高新技术企业认定办公室认定为上海市第四批高新技术企业。

上海必立建设工程检测有限公司为上海必立控股子公司，专门从事各类建（构）筑物检测工作，可充分将结构设计、分析技术优势指导和运用到检测工作，并提供更加专业和权威的检测、鉴定分析报告和处理意见。

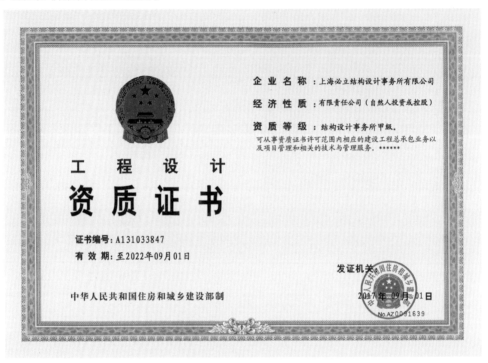

二、公司业务范围

根据住房和城乡建设部关于促进建筑工程设计事务所发展有关事项的通知（建市[2016]261号），上海必立结构设计事务所"可以承接所有等级的各类建筑工程项目方案设计、初步设计及施工图设计中的结构专业（包括轻钢结构）设计与技术服务"。

2019年开始，对农用塑料温室大棚进行研究、计算并开展专业化设计。其中张家口市万全区现代农业产业园设施蔬菜种植加工产业项目已开工建设。

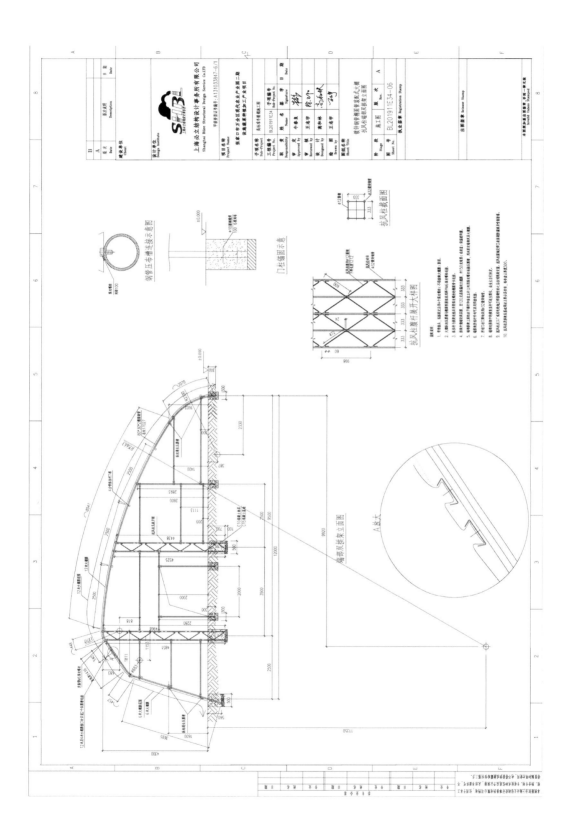

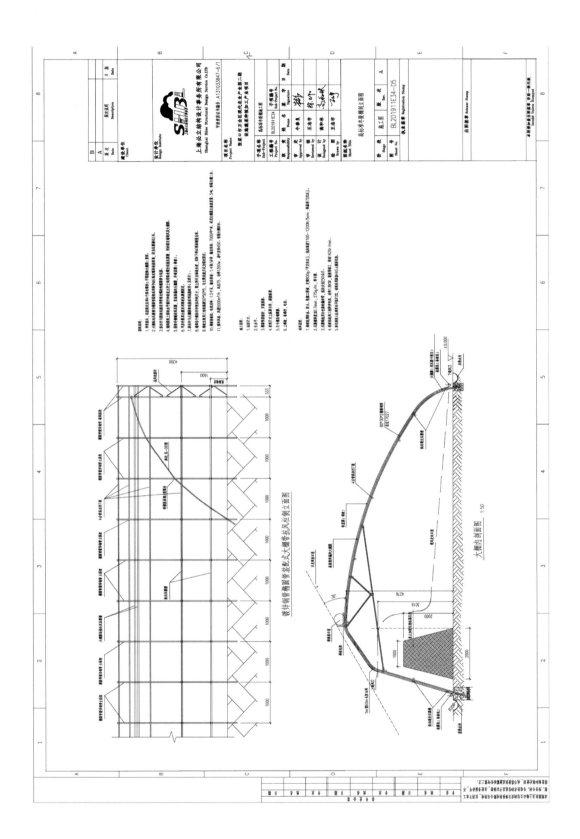

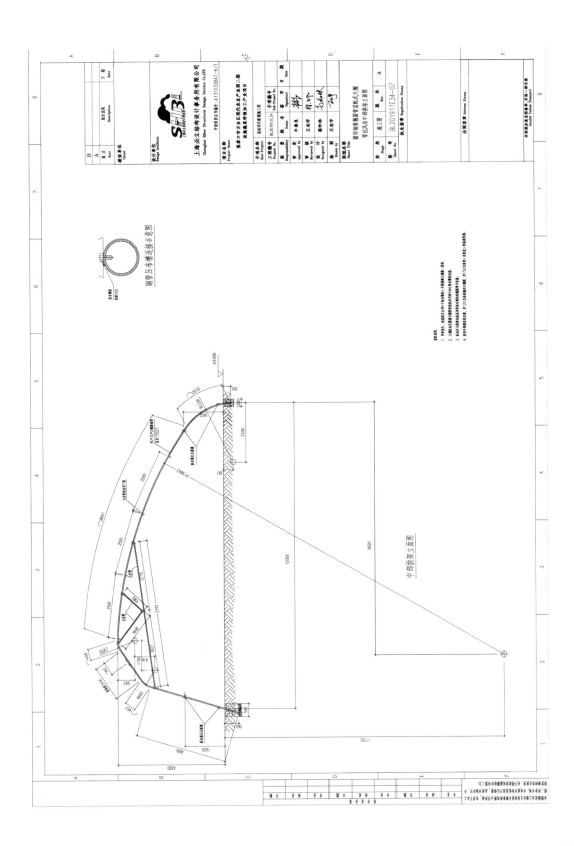

钢管压市埔连接示意图

钢管压市埔连接示意图

中部挑棚立面图

说明：
1. 节点区、支撑焊全部钢材为Q345B钢。
2. 本设计以压力管道本体受弯不另加纵向应力。
3. 钢材中部接口均采用双面坡口对接焊缝，均为SW焊全焊透。
4. 钢材全焊部件连接，焊缝为SW焊透，本图未注全焊缝。

佛山佛塑科技集团股份有限公司经纬分公司

　　佛山佛塑科技集团股份有限公司（股票代码000973）是中国塑料新材料行业的龙头企业、中国制造业500强、国家火炬计划重点高新技术企业集团，是国家认定企业技术中心及广东省塑料工程技术研发中心的依托企业、国家技术创新示范企业。

　　佛塑科技集团股份有限公司经纬分公司是其属下的全资分公司，是中国塑料编织行业的龙头企业、国家救灾物资的定点生产企业之一、国家土工布/膜产品的重点生产企业之一，主要生产经营各类塑料编织制品、辐照高分子产品和胶粘带产品。

　　公司年营业规模超过12亿元，拥有国际先进水平的塑料宽幅编织复合生产线、辐照生产设备以及精密涂布生产线。公司拥有从德国、奥地利、日本、我国台湾引进的和国产的先进设备，还配备了国内领先的研发、检测设备。

公司吸纳和培养了一大批高素质的技术、管理人才。致力于高新农业、水利建设、节能环保等高端化新材料的研发，坚持自主创新，其中，"双象牌农用塑料大棚膜"连续6年获中国名牌产品称号。"复合塑料编织农用大棚膜""多层复合塑料编织农用防渗膜"等产品获得广东省高新技术产品称号，"双象牌复合塑料编织布"获广东省名牌产品称号及国家质量金质奖章。

　　公司坚持以质量求生存、以质量创效益，贯彻ISO2000国际标准，本着"坚毅、进取、求实、创新"的企业精神，竭诚为顾客提供满意的产品和服务。产品产销遍布全国各地，并远销欧洲、北美以及东南亚等30多个国家和地区，产销规模名列国内行业前茅。

2007年李有标、高宝纲、陈义华（右一）在包头推广塑料编织大棚棚膜，"双象牌农用塑料编制大棚膜"在包头等地使用已有15年以上，多年不需换膜

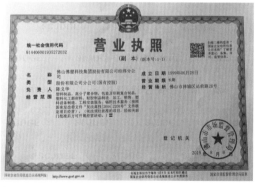

浙江精工钢构集团
绿筑集成科技有限公司

浙江精工钢构集团（股票代码：600496.SH）是国内最大的钢结构制造企业，曾经缔造了北京奥运"鸟巢"，世界最高建筑——1 007m 沙特王国塔等一系列国家级和世界级工程。

旗下全资子公司"绿筑集成科技有限公司"（国家建筑设计综合甲级资质）致力于开发装配式钢结构建筑体系，包括住宅、学校、办公、医院、物流和农业等，目前已具备年百万平方米的生产、配套和建设能力。绿筑集成开展"全系统全预制全装配式建筑"，发展上下游产业协同，推动建筑业创新升级，为大众提供更环保、更节能、更高效的绿色建筑。实现从"钢结构建筑"到"绿色集成建筑"的不断升级。

卞宗舒简介：

绿筑集成科技有限公司首席专家。

1947年生，1977—1981年太原理工大学毕业。国家一级注册建筑师，建筑结构高级工程师、中国钢结构协会专家委员会专家。1968—1971年在农村插队期间，曾务农三年。

主要业绩包括：

1. 中国南极长城站建筑的设计负责人。

2. 中国南极长城考察队土建副组长，完成施工，荣立三等功。部级科技进步三等奖。

3. 国家《钢结构住宅设计规范》（CECS261）主要起草人。

4. 国家标准图集《钢结构住宅（二）》（05J910-2）主编人。

5. 国家标准图集《模块化钢结构房屋构造图集》主编人。

6. "农产品批发市场标准化建设" "云南省村镇中小学标准化设计"负责人。

7. 其他九项钢结构建筑类国家或行业标准、标准图集的主编、执笔或参编人。

8. 国内外数十项高层钢结构住宅、公共建筑和工业建筑的设计负责人。

9. 目前正从事钢结构建筑标准化、装配式建筑产业基地建设等方面的研究。